·慧眼识河·
黄河水文化科普丛书

丛书主编 ◎ 江恩慧
丛书副主编 ◎ 田世民

黄河生态纵横谈

吕锡芝　张秋芬　倪用鑫
韩　冰　马　力　王建伟　编著

中国水利水电出版社
www.waterpub.com.cn
·北京·

内容提要

《黄河生态纵横谈》是《黄河水文化科普丛书·慧眼识河》的第二分册。本册纵览黄河流域生态，串珠成链展现黄河流域的独特生态景观。全书共分为6章，以地理空间为轴线，巡天遥看黄河流域异彩纷呈的生态系统配置格局，领略黄河生态的沃野千里、丰厚物产和历史变迁，探究不同功能区的生态变迁、修复措施及治理成效。

本书通俗易懂、图文并茂，为科研工作者、专业技术人员、行政管理人员、社会公众及高校师生提供了一个全面了解黄河生态的窗口。

图书在版编目（CIP）数据

黄河生态纵横谈 / 吕锡芝等编著. -- 北京 : 中国水利水电出版社, 2024.11
（黄河水文化科普丛书. 慧眼识河）
ISBN 978-7-5226-1447-2

Ⅰ. ①黄… Ⅱ. ①吕… Ⅲ. ①黄河流域—生态环境保护—研究 Ⅳ. ①X321.2

中国国家版本馆CIP数据核字(2023)第043324号

审图号：GS京（2024）0690号

书　名	黄河水文化科普丛书·慧眼识河 **黄河生态纵横谈** HUANG HE SHENGTAI ZONGHENG TAN
作　者	吕锡芝　张秋芬　倪用鑫　韩　冰　马　力　王建伟　编著
出版发行	中国水利水电出版社 （北京市海淀区玉渊潭南路1号D座　100038） 网址：www.waterpub.com.cn E-mail：sales@mwr.gov.cn 电话：（010）68545888（营销中心）
经　售	北京科水图书销售有限公司 电话：（010）68545874、63202643 全国各地新华书店和相关出版物销售网点
排　版	中国水利水电出版社微机排版中心
印　刷	北京印匠彩色印刷有限公司
规　格	210mm×230mm　20开本　14印张　304千字
版　次	2024年11月第1版　2024年11月第1次印刷
定　价	158.00元

凡购买我社图书，如有缺页、倒页、脱页的，本社营销中心负责调换

版权所有·侵权必究

《黄河水文化科普丛书·慧眼识河》编委会

高级顾问　矫　勇　胡四一　岳中明　高安泽　汪　洪
　　　　　　王　浩　王光谦　张建云　胡春宏　倪晋仁
　　　　　　唐洪武　李文学　侯全亮　汤鑫华　贾金生

主　　　任　江恩慧
常务副主任　千　析　卢丽丽
副　主　任　田依林　田玉清　田世民
委　　　员　王远见　吕锡芝　邓　红　李军华　许立新
　　　　　　岳瑜素　张文鸽　窦身堂

主　　　编　江恩慧
副　主　编　田世民

《黄河水文化科普丛书·慧眼识河》组织单位

黄河水利委员会黄河水利科学研究院

黄河流域生态保护和高质量发展研究中心

中国保护黄河基金会

黄河研究会

中国水利学会流域发展战略专委会

中国大坝工程学会水库泥沙处理与资源利用技术专委会

水利部黄河下游河道与河口治理重点实验室

河南省黄河流域生态环境保护与修复重点实验室

河南省湖库功能恢复与维持工程技术研究中心

河南省黄河水生态环境工程技术研究中心

中国水利水电出版社有限公司

河南省水利学会

丛书序一

中国是一个水利大国，中华民族的治水传统与华夏文明一样源远流长，国家兴衰与治水成败密切相连。纵观我国历史，从大禹开始，历代善治国者均以治水为重。"圣人之治，其枢在水"，无论是秦皇汉武、唐宗宋祖，还是清朝的康熙、乾隆皇帝，每一个有作为的统治者都把水利作为施政的重点。新中国成立以来，党中央、国务院十分重视水利事业。70多年来水利发展成就举世瞩目，其中人民治黄是我国现代治水实践的一个缩影。在中国共产党坚强领导下，黄河治理保护取得成绩斐然，水沙治理成效显著，生态环境持续向好，流域发展水平不断提升，黄河由一条中华民族历史上的忧患之河成为安澜之河、幸福之河，为国家安全、民族复兴提供了强有力的支撑和保障。尤其是党的十八大以来，国家进一步加大治黄力度，党中央、国务院出台《黄河流域生态保护和高质量发展规划纲要》，全面贯彻习近平总书记关于黄河治理"重在保护，要在治理""共同抓好大保护，协同推进大治理"的重要指示，黄河治理进入一个新的时期。

水利科普是面向广大的社会公众、地方行政部门与官员普及水利知识、奠定共同推动水利事业发展这一社会基础的重要抓手。对治黄理论和实践的科学普及亦是如此。黄河治理保护问题十分复杂，河流水系、经济社会、生态环境三大系统相互作用，水安全保障、经济社会发展、生态环境保护协同推进的边界条件、约束条件与影响因素众多。在着力推进黄河流域生态保护和高质量发展重大国家战略实施的进程中，需要加大对治黄理论和实践的科学普及，把黄河孕育过程、演变历史、水沙灾害、治理成效、新的挑战等各种知识，向全社会公众深入浅出地宣传推广，形成新时期治黄在社会公众层面的和谐共鸣—同频共振—协同共建，实现政府部门、专业人士和社会公众的良性互动。为此，2021年水利部、共青团中央、中国科协共同印发了《关于加强水利科普工作的指导意见》，把强化水利科普供给作为未来科学普及的重点任务之一。黄河治理历史之久，难度之大，任务之重，故事之多，成效之好，必然是水利科普的重要题材。普及好治黄的理论与实践，必将为水利科普这部巨著增添美好的华章。

当前，我国水利科普的形式、内容和力度都还不够，科普的载体仍以水利博物馆为主，且数量远不能满足水利高质量发展科普工作的需要。宣传画册、群众参与及沉浸式体验往往依托重要水利科普宣传教育日，系统性水利科普著作尚未形成体系化的产品，影响能力与效果尚待提高。为了弥补水利科普形式上的不足，黄河水利科学研究院江恩慧同志饱含对母亲河的热爱、对治黄事业的执着，带领黄科院博士团队，从科技工作者的视角，基于扎实的专业知识和科学的思维，围绕黄河治理保护重大问题，共设置《九曲黄河万古流》《黄河生态纵横谈》《母亲河水润神州》《洪魔旱魃知多少》《悬河利害两相济》《水沙调控助安澜》《大河之治话河口》七个主题，编撰了这套《黄河水文化科普丛书·慧眼识河》。丛书以时间为经线、以空间为纬线，图文并茂，语言优美，突出科普知识面上纵览与点上透彻的融合，阐释黄河治理保护与区域社会经济发展的协同效应，全面普及了黄河保护治理的基本概念和科学知识，向全社会提供一个了解黄河、认知黄河、感受黄河的窗口。丛书的编撰既是对习近平总书记关于科学普及重要论述的响应，也是贯彻落实黄河流域国家战略以及党的二十大精神的一项具体举措，有助于在政府层面建立保护治理黄河、推动高质量发展的决策基础，在社会公众层面形成爱护黄河、维护黄河保护治理成效的自觉意识，在满足人民群众对建设幸福黄河的美好向往上具有很强的时代性和创新性。

是为序。

2023 年 2 月 17 日

丛书序二

黄河是中华民族的母亲河。黄河流域在我国政治、经济、文化发展进程中具有举足轻重的作用。然而，黄河水患频发，"体弱多病"，成为古往今来世界著名的灾难之河。

历朝历代的治黄先驱，为了黄河安澜前赴后继进行了不懈的探索。但是，由于黄河问题的复杂性、人们对黄河认知的局限性，无论从技术层面还是行政管理层面，九龙治水、各自为政的局面长期存在。实际上，流域是一个系统性的有机整体，黄河流域系统水资源高效利用—行洪输沙—生态环境—社会经济各子系统自身的良性运转和彼此间的协同发展，存在着复杂的博弈关系。2011年，钱学森老先生在详细了解黄河治理的复杂性后指出，"中国的水利建设是一项长期基础建设，而且是一项类似于社会经济建设的复杂系统工程，它涉及人民生活、国家经济""对治理黄河这个题目，黄河水利委员会的同志可以用系统科学的观点和方法，发动同志们认真总结过去的经验，讨论全面治河，上游、中游和下游，讨论治河与农、林生产，讨论治河与人民生活，讨论治河与社会经济建设等，以求取得共识，制定一个百年计划，分期协调实施。"2019年，习近平总书记在郑州召开座谈会上发出了"让黄河成为造福人民的幸福河"的伟大号召，将黄河生态保护和高质量发展上升为重大国家战略；总书记强调，要牢固树立"一盘棋"思想，更加注重保护和治理的系统性、整体性、协同性；要坚持山水林田湖草沙综合治理、系统治理、源头治理，统筹推进各项工作，加强协同配合，推动黄河流域高质量发展。

黄河治理保护不是单纯的自然科学问题，与社会问题交织使得复杂难治的黄河问题更加复杂。黄河流域的系统治理迫切需要地方政府及社会公众的积极参与和大力支持。然而，社会公众对黄河的了解尚远远不够，黄河对中华民族可持续发展的重要性、黄河的特性与系统治理的难度和复杂性、黄河高质量发展面临的问题和挑战等等，均亟须开展广泛的科学普及以及深入的宣传。党的十八大以来，国家对科学普及工作十分重视。水利部、共青团中央、中国科协共同印发了《关于加强水利科普工作的指导意见》，强调要充分发挥水利科技社团、科研人员在科普工作中的主力军作用，围绕国家水安全战略需要和社会公众需求，加强科普作品开发和创作，针对水利社会热点和公众关切问题解疑释惑。

由黄河水利委员会黄河水利科学研究院江恩慧教高领衔编写的这套《黄河水文化科普丛书·慧眼识河》，可谓是正当其时。全套丛书有总有分、有粗有细，语言考究、图文并茂，时空跨度之大，涉及角度之广，通俗易懂又不失深度与美感。全套丛书内容丰富，从不同视觉为我们展现了黄河的诞生与发展、治黄方略的形成与演变，总结了不同历史时期黄河治理的经验、人民治黄的伟大成就，深入阐述了世人关切的黄河水沙调控、防汛抗旱减灾、水资源节约集约利用、生态环境配置格局、悬河的危害与滩槽的协同治理、三角洲生态系统保护等重大问题，从黄河流域系统治理的新理念、新技术和新方法，为人们展示了未来幸福黄河的美好前景。作为科技专著，反映了作者丰富的研究成果，具有很好的实践指导价值；作为知识读物，集知识性和趣味性于一体，回味无穷，具有广泛的科学普及意义。

本套丛书的问世，是治黄史上一件颇有意义的大事，能够更加激发国内外学术界、地方政府对黄河问题的高度关注，增进普罗大众对黄河水问题及治黄工作的系统了解，对于推动今后治黄工作及学术研究均极其有益。

是为序。

中国工程院院士 张建云

2023 年 2 月 10 日

丛书自序

每每念及"黄河",您会想到什么?思想家会说:"黄河是中华民族的象征";科学家会说:"水少沙多、水沙关系不协调";工程师会说:"黄河游荡复杂难治";文人骚客会引吭高歌:"君不见黄河之水天上来,奔流到海不复回";小学生会深情吟诵:"白日依山尽,黄河入海流"。

逐水而居,安土重迁,习惯于守护大河,不愿意迁离故土,这是人类坚强不息的本性,也造就了黄河流域人类灿烂的文明。然而,由于黄河流域独特的地理地貌和水文泥沙特征,中华民族的先民们自古就同黄河水旱灾害作斗争,随着历朝历代社会经济的不断发展,人类活动对黄河流域自然状况的影响越来越大,水旱灾害的防御与社会经济发展之间的矛盾越来越突出。

1986年,我大学毕业分配到黄河水利委员会,在我的强烈要求下,被二次分配到了当时的黄河水利科学研究所,从事黄河泥沙研究工作。特别荣幸的是,我的第一份工作是与我本科所学的农田水利工程专业紧密相连的国家"七五"攻关项目,在人民胜利渠灌区开展了1年半的浑水灌溉和渠系泥沙测验。特别难忘的是,经过半年的野外观测和实地调查,1987年春节前我写了一篇小短文——关于郑州铁路桥附近河段河势变化对人民胜利渠入渠泥沙大小和级配的影响,写好后交给了项目组长张永昌高级工程师(受"文化大革命"影响,当时张工还没有评教高),就回家过年了。回来后,张工告诉我,你的文章被黄流规修编采用了!那个高兴劲儿,你可想而知。这件事对我的人生意义重大,是我不离不弃从事30多年黄河泥沙研究的力量源泉!

随着对黄河泥沙问题研究的不断深入,以及不断地深度参与黄河治理和黄河防汛工作,我逐步地意识到黄河的治理保护不仅仅是自然科学的问题,社会问题的交织使得复杂难治的黄河问题更加复杂。2006年,我与我的同事合作在《黄河报》发表了"治黄实践中社会问题根源分析及对策探讨";2011年,我作为全国十大优秀科技工作者参加了中国科协八大会议,提交了"妥善解决黄河治理开发实践中有关社会问题的建议"的提案。这些年,我利用各种机会向社会科普黄河知识,呼吁针对流域管理进行立法,加强科普宣传,增强公众参与意识,鼓励利益相关方参与流域管理。

"黄河宁,天下平"。2019年9月18日,习近平总书记在郑州亲自主持座谈会,充分肯定了人民治黄几十年来取得的辉煌成就,指出了新形势下黄河治理保护仍存在的一些突出困难和问题,发出了"黄河流域生态保护和高质量发展"重大国家战略的伟大号召。习近平强调,治理黄河,重在保护,要在治理;要坚持山水林田湖草综合治理、系统治理、源头治理,统筹推进各项工作,加强协同配合,推动黄河流域高质量发展。

黄河的治理保护迫切需要地方政府及社会公众的积极参与和大力支持。然而,社会公众对黄河的认知与母亲河的地位相比远远不足。流域管理者迫切希望社会公众认识黄河,地方政府和社会各界更加渴望了解黄河。党的十八大以来,国家对科学普及工作十分重视。2021年,国务院印发了《全民科学素质行动规划纲要(2021—2035年)》。同年,水利部、共青团中央、中国科协共同印发了《关于加强水利科普工作的指导意见》,把强化水利科普供给作为未来的重点任务之一。强调要充分发挥水利科技社团、科研人员在科普工作中的主力军作用,围绕国家水安全战略需要和社会公众需求,加强科普作品开发和创作,针对水利社会热点和公众关切问题解疑释惑。习近平总书记系统治理的先进理念,亟须对全社会进行科学普及,为黄河流域生态保护和高质量发展重大国家战略行稳致远提供重要支撑。

为此,肩负科技工作者强烈的时代责任感和高度的政治站位,我和我的同事共同谋划了《黄河水文化科普丛书·慧眼识河》。该丛书基于科技工作者的视角,秉持对科学方法、科学思想和科学精神的深刻理解,在"十四五"国家重点研发计划项目"黄河流域多目标协同水沙调控关键技术"(2021YFC3200400)和国家自然科学基金黄河水科学联合基金集成项目"黄河流域'水沙—生态—经济'系统多过程协同机制与调控"(U2243601)资助下,围绕黄河治理保护重大问题,共设置《九曲黄河万古流》《黄河生态纵横谈》《母亲河水润神州》《洪魔旱魃知多少》《悬河利害两相济》《水沙调控助安澜》《大河之治话河口》七个主题,分别从黄河纵览、生态环境保护、水资源节约集约利用、洪旱灾害防御、游荡性河道整治、水沙调控、黄河口系统治理等全面科普黄河知识。针对政府及管理部门人员、社会公众、专业人士等不同受众,强化黄河流域系统与黄河知识体系的完整性,突出科普知识面上纵览与点上透彻的融合，阐释黄河治理保护与区域社会经济发展的协同效应，提升公众对黄河流域生态保护和高质量发展重大国家战略的认知度。

小浪底水库修建后，黄河研究达到了空前的热度，期间有很多国外考察报告，不同的人从不同层面、不同侧面介绍发达国家不同河流的治理经验，河流治理是一项极其复杂的系统工程，借鉴先进的技术与经验诚然重要，但窥一斑难以见全豹。2009年，我有幸翻译了《荷兰境内的莱茵河：一条被控制的河流》。这本书图文并茂，除正文外，通过插叙给有兴趣的人科普了机理层面的科学知识，在浩瀚科技书籍宝典中可谓"雅俗共赏"，我把它定位是一本特别系统、特别优秀的莱茵河治理科普书。

我一直有两个梦想：一是要寻找一本类似《荷兰境内的莱茵河：一条被控制的河流》，深入浅出、系统介绍密西西比河治理的书，翻译过来供大家参阅，托了很多朋友，一直未收集到合适的书；二是写一本黄河知识的科普书，这个梦想今天在大家的共同努力下，终于实现了。本套丛书文字与图片两条主线贯穿始终，使丛书以科学性为基础更具可读性与趣味性，打造一套公众喜闻乐见的黄河水文化科普丛书，为社会公众提供一个了解黄河、认知黄河、感受黄河的窗口。

《黄河水文化科普丛书·慧眼识河》的编撰，是落实习近平总书记关于"科技创新、科学普及是实现创新发展的两翼"重要论述的积极实践，是践行黄河流域生态保护和高质量发展重大国家战略的自觉行动，对推动新阶段水利高质量发展以及强化流域治理管理工作具有重要意义。该丛书的出版，不仅凝聚着黄河科研工作者的智慧、心血和汗水，也标志着黄河知识科普迈向了系统化、体系化的新高度。在丛书即将付梓之际，我为从事这套丛书编写的各位同仁能有如此高的见地、勇担时代重任的胆识感到由衷的高兴！衷心感谢矫勇、胡四一、岳中明、高安泽、汪洪、王浩、王光谦、张建云、胡春宏、倪晋仁、唐洪武、李文学、侯全亮、汤鑫华、贾金生等各位顾问对丛书不遗余力的帮助！感谢各发起单位给予我们的信心！感谢兄台侯全亮与我默契的配合，给我暖心的鼓励和鼎力相助！感谢兄台董宝华为丛书提供了那么多精美的图片！

大恩不言谢，让我们共同为母亲河贡献绵薄之力！

江恩慧

2023年1月于郑州

前 言

黄河，是中华大地最古老的图腾。大约160万年前，黄河已开始孕育和发展，经过漫长地质时期的溯源侵蚀和水力夺袭，逐步连通湖盆、劈山削谷、纵横沃野，形成一条千百年来生生不息的河流。自古以来，人们对黄河的认知，可以一"黄"以蔽之来形容，黄的土地、黄的风沙、黄的河水，也孕育了广袤的黄河流域。黄河流域总面积79.5万 km^2，东西长约1900km，南北宽约1100km，横跨我国东、中、西部三级阶地，跨越了著名的青藏高原、内蒙古高原、黄土高原、华北平原四大地貌单元和高原气候区、中温带气候区、南温带气候区三大气候区。

受地势、地貌、气象气候、海陆关系等复杂自然环境的影响，黄河流域区域温差大，降雨时空分布不均，自东南向西北，气候由半湿润区向半干旱干旱区逐渐过渡。时空迥异的水热分布创造了复杂多样的生境条件，也形成丰富多彩的自然景观和生态格局。从黄河源区到下游入海口，纵观流域全貌，这里是一个由冰川冻土、高山草甸、森林草原、农田湿地等多种生态系统类型复杂交织的生态家园，形成了一个包罗万象的生态系统，为颇具多样性的生物群体提供了栖息的舞台。神奇静谧的黄河源区、恬淡适宜的桑田美陌、粗犷雄浑的黄土高原、唇齿相依的下游滩区、黄蓝交汇的大河河口、千姿百态的生态走廊——如此别样的黄河却鲜为人知。

美则美矣！然而黄河生态的脆弱性与生俱来。时移世易，在自然和人类活动的双重作用下，黄河流域生态系统的平衡不断被打破、被重塑。人们对黄河流域不同功能区及其生态系统演化过程的认知仍略显片面。站在"黄河流域生态环境保护和高质量发展"重大国家战略如火如荼推进的新起点，在系统治理、综合治理、源头治理的新理念逐步深入人心的当口，无论从提高社会公众参与度的角度，还是作为治黄科研或行政管理人员的角度，认知母亲河不能再"管中窥豹""盲人摸象"，必须全面系统地认识和了解黄河流域生态系统的整体性及可持续发展的重要性。暨此，这一本科普书应运而生，展现于世人面前，犹如一双慧眼，带领人们极目黄河万里，抽丝剥茧，探究黄河流域生态系统的过去、现在和未来：在历史中追本溯源、自现实中发现问题、于实践中总结经验进而谋划未来发展蓝图。

生态内涵十分丰富，本书秉持丛书编写初衷，面向广大公众，聚焦典型生态功能区，按照总—分—总的结构，从不同时空维度讲述黄河流域生态系统演化及保护成效。《黄河生态纵横谈》共分六章。第一章，鸟瞰黄河生态，纵览黄河上下，领略黄河生态之美；第二～第五章，从河源到河口，领略源区、灌区、黄土高原、下游滩区、河湖湿地等不同典型生态功能区，回顾典型生态系统的变迁，探析不同生态问题、产生原因和治理成效；第六章，立足全流域，描绘黄河流域生态系统治理保护蓝图。语言表达上，本书追求文字优美，故事生动，让读者在领略黄河生态之美的同时，理性地看待黄河生态过往之殇；内容呈现上，本书强调图文并茂，科学性、可读性、趣味性共融，以飨不同受众阅读之需求。

在本书编写过程中，丛书主编江恩慧从谋篇布局、内容编排、语言修辞等方面进行了修改与指导，为全书定稿花费了很多心血。同时，本书还得到了黄河水利委员会侯全亮、卢丽丽、董保华、许立新，黄河水利科学研究院千析，科学出版社杨帅英，中国少年儿童新闻出版总社李晓平等专业人士的大力支持；黄河水利委员会宁蒙水文水资源局慕丹丹、宁夏清源水利工程研究有限公司张鹏程、中国建筑一局（集团）有限公司张晓霞、黄河水利委员会黄河水利科学研究院张杨和景永才、豫西黄河河务局孟津黄河河务局刘强等为本书的编写提供了宝贵的工程实践资料。在此一并表示感谢。

限于作者水平，书中难免存在不足之处，恳请广大读者批评指正。

编　者

2023 年 11 月

目 录

丛书序一
丛书序二
丛书自序
前言

黄河生态万千重

第一节　异彩纷呈的生态格局 22
　　一、神奇静谧的世外河源 23
　　二、恬淡适宜的阡陌桑田 27
　　三、粗犷雄浑的黄土高原 30
　　四、唇齿相依的下游滩区 32
　　五、黄蓝交互的大河河口 32
　　六、千姿百态的生态走廊 35

第二节　复杂交织的生态家园 36
　　一、葱郁如染的绿色外衣 36
　　二、独具个性的高原荒漠 44
　　三、穿珠成链的河湖湿地 44
　　四、星罗棋布的城镇聚落 47

为有源头活水来

第一节	水源涵养话水塔	53
	一、冰川冻土固态水	53
	二、高山草甸蓄甘露	54
	三、涓涓细流启征程	57

第二节	漫漫生态变迁史	59
	一、冰川退缩：消失的固体水库	59
	二、冻土消融：解体的天然隔层	61
	三、湿地萎缩：衰竭的地球之肾	64
	四、草场退化：失色的绿茵地毯	66

第三节	生态疾患探根由	69
	一、气候变暖首当其冲	69
	二、过度放牧变本加厉	72
	三、鼠害猖獗助纣为虐	73
	四、开矿淘金雪上加霜	76

第四节	守护源区谱新篇	77
	一、生态移民休养生息	77
	二、招引天敌遏制鼠害	80
	三、绿色发展低碳转型	81
	四、战略重塑生态伊甸	84
	五、科技助力生态修复	86

生态长城塞上渠

二

第一节　河套粮仓筑屏障 91
　一、冲积平原厚植沃土 91
　二、渠织如网滋润田畴 92
　三、气候独特物产丰富 117
　四、粮仓丰廪构筑屏障 119

第二节　塞上江南生态殇 122
　一、风沙侵蚀袭夺良田 122
　二、盐碱泛起土贫粮减 124
　三、粗放农业面源污染 125
　四、矿产开发危及生态 131

第三节　生态修复活力现 133
　一、沙化治理营造绿洲 133
　二、农耕转变治愈盐碱 136
　三、面源污染"四控"并举 139
　四、生态补水明珠新生 141
　五、系统治理秀美山川 143

黄天厚土换新颜

四

第一节　黄天厚土话变迁 150
　一、气候冷干植被界限南移 150
　二、沙漠南侵威胁生态屏障 152
　三、毁林开荒加重水土流失 155

第二节　生态忧患析成因 158
　一、先天不足的气候条件 158
　二、极易侵蚀的黄土特性 159
　三、沟壑纵横的地形地貌 161

　　　　　　　四、人类活动的推波助澜 163

第三节　生态治理探良策 164
　　　　　　　一、李仪祉理念引领 164
　　　　　　　二、天水站首开先河 164
　　　　　　　三、王化云谋篇布局 166
　　　　　　　四、苦心求索多沙区 167
　　　　　　　五、集中靶心粗沙源 168

第四节　多措并举齐发力 169
　　　　　　　一、防风固沙阻荒漠 170
　　　　　　　二、固沟保塬筑防线 172
　　　　　　　三、旱作梯田保水土 174
　　　　　　　四、退耕禁牧还林草 175
　　　　　　　五、淤地造坝减泥沙 179

五　滩湖湿地话共生

第一节　功能交织的下游滩区 185
　　　　　　　一、独特滩地举足轻重 185
　　　　　　　二、人水混居复杂难治 191
　　　　　　　三、滩区迁建避水安居 193

第二节　去留两难的金堤滞洪 195
　　　　　　　一、北金堤滞洪区的由来 195
　　　　　　　二、滞洪生态发展的博弈 197
　　　　　　　三、系统治理多功能和谐 200

第三节　身兼数职的东平湖泊 202
　　　　　　　一、水泊遗存资源丰富 203
　　　　　　　二、靠水吃水破坏生态 206
　　　　　　　三、多重定位难以兼顾 209

四、标本兼治系统保湖 211

第四节　生态敏感的大河尾闾 214
　　　一、咸淡交接生态多样 214
　　　二、天然湿地退化明显 224
　　　三、水沙锐减破坏生境 225
　　　四、科学调度生态修复 228

万里黄龙复生机

第一节　河道生态陷困局 232
　　　一、奔腾静止一席谈 232
　　　二、水量供给不平衡 235
　　　三、水质污染难根治 238

第二节　系统治理复生境 241
　　　一、流域污染综合治理 241
　　　二、下游水沙生态调度 244
　　　三、鱼类生境系统保护 246

第三节　绿水青山不是梦 248
　　　一、"一带五区"优化布局 249
　　　二、七字统筹系统治理 249
　　　三、科技支撑智慧生态 252
　　　四、"双碳"引领绿色发展 254

参考文献 257

第一章 黄河生态万千重

"**派**出昆仑五色流,一支黄浊贯中州。吹沙走浪几千里,转侧屋闾无处求。"这是宋代文豪王安石眼中的黄河,也是大多数人眼中的黄河。千百年来,多灾多难、黄沙万里,是黄河留给人们的固有印象。这种固有印象犹如给人们戴上了一副有色眼镜。

跨越千年,当今的世人以更加广阔的视野审视母亲河,她展示给人们更多的是多姿多彩、一派祥和的盛世繁华。黄河发源于青藏高原巴颜喀拉山北麓,西接昆仑,北抵阴山,南倚秦岭,东临渤海,从西到东横跨青藏高原、内蒙古高原、黄土高原和华北平原四大地貌单元,东西高低悬殊,地貌迥异。黄河流域位于地球中纬度地带,受大气环流和季风环流影响,流域内气候差异显著。由于气候与地理地貌的双重作用,造就了黄河流域从河源到河口沿途高山、湖泊、草原、湿地、冰川、峡谷、平原等各种自然景观,形成了交织变幻的生态系统。

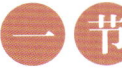　异彩纷呈的生态格局

　　如果可以化身飞鸟，巡天遥看黄河流域异彩纷呈的生态格局，环顾黄河两岸风光无限的大好河山，一股民族自豪感就会油然而生：在世界屋脊的静谧河源，可以感受山比云高、伸手触天的热血沸腾；在斧削刀劈的高山峡谷，可以感受巨龙奔腾而下、呼啸长天的豪迈气概；在沃野千里的河套平原，可以感受大漠孤烟直、长河落日圆的人间美景；在粗犷雄浑的黄土高原，可以感受千万年流水切割的沟壑纵深、塬梁沟峁的支离破碎；在悬河高

图1-1　巴颜喀拉山脉

耸的黄河下游，可以感受河道蜿蜒游荡、滩槽唇齿相依的独特生态环境；在广袤无垠的黄河三角洲湿地，可以感受黄蓝交汇、河长海阔的旷世奇观。

一、神奇静谧的世外河源

巴颜喀拉山脉藏语叫"职权玛尼木占木松"，即祖山的意思，是黄河发源的地方（图1-1）。向北，遥相辉映的是东昆仑山的东支——布尔汗达山，东端与阿尼玛卿山（图1-2）相接。这两座冰雪圣山，终年积雪，处处冰河垂悬。每年春天以后，在强烈的日光照耀下，高山冰雪渐渐消融，融水汇成涓涓细流，清澈平缓，滋润

图1-2 阿尼玛卿山（须弥 摄）

着干燥的沃土。

　　就在这两山之间，无数涓涓细流穿过约古宗列盆地，在一片广阔的平坦地带，形成星星点点的湖泊群，犹如万千星宿散落凡间，素称星宿海（图1-3）。

　　黄河流过星宿海，向东20多千米，便进入世界著名的两大姊妹湖——扎陵湖（图1-4）和鄂陵湖（图1-5）。流水潺潺，从扎陵湖西端流入，从鄂陵湖东北角流出。两湖中间，有巴颜朗马山相隔。扎陵湖和鄂陵湖的海拔为4300多米，比我国最大的内陆湖泊青海湖高1000多米，是名副其实的高原湖泊。这里地势高寒、潮湿，地域辽阔，牧草丰美，自然景观奇特。母亲河在这里蓄积力量，然后悄然踏上东流入海的征程。

图1-3　星宿海

图 1-4　扎陵湖（小澈　摄）

图 1-5　鄂陵湖

黄河穿越巴颜喀拉山与阿尼玛卿山之间的古盆地和低山丘陵之后，到达两山东端的青海省果洛藏族自治州（简称"果洛州"）的达日县，进入高山峡谷之中，河道狭窄曲折，海拔骤降，迎接缓缓而来的黑河和白河两条支流。在这里，黄河与我国最大的泥炭湿地——若尔盖湿地相拥，并形成了九曲黄河第一曲，沿阿尼玛卿山北麓，向西北而去，过拉家峡、野狐峡，注入龙羊峡水库。

黄河源区人烟稀少，只有藏族人在此从事畜牧。山间谷地上，牦牛、绵羊远近成群，湖泊如散落的宝石镶嵌其间，向阳的缓坡上一块块高山草甸，像翠绿的绒毯铺盖大地，偶见零星牧包土房点缀其间，这里是一片静谧的世外天堂（图1-6）。

图1-6 玛曲风光

二、恬淡适宜的阡陌桑田

在龙羊峡水库短暂停歇之后，黄河奔入刘家峡，进入第一个省会城市——兰州。自此，黄河从世外桃源步入繁华人间。黄河自兰州北上，途经腾格里沙漠南缘，便迅速拥入宁夏贺兰山怀抱。在这里，干流中气十足，依山傍水，冲积出狭长的银川平原（图1-7）。滔滔黄河斜贯贺兰山东麓，流程397km，水流温柔平缓，顺势而下，泥沙不断沉积，两岸土地肥沃，水量丰沛，极适宜灌溉垦殖。古老的原住牧民慧眼识得这一宝地，他们的辛勤劳动使银川平原成了沟渠纵横、稻香鱼肥、瓜果飘香、风光秀美的"塞上江南"。"贺兰山下果园成，塞北江南旧有名"，描绘了烟火气十足的宁夏灌区。

图1-7 银川平原（祁瀛涛 摄）

黄河离开贺兰山后，途经乌兰布和沙漠东端，在贺兰山余脉桌子山的庇护下，顺势吐出一颗"黄河明珠"——内蒙古自治区乌海市；河出乌海，与横贯内蒙古中部的阴山山脉撞了个满怀，在磴口因黄河历史演变，主河道撇弯取直，走现河道，穿越中华民族的一块风水宝地——巴彦淖尔平原（图1-8）；黄河继续东行，到大青山腹地，有大黑河汇入其中，此间地势低洼平坦；在包头、呼和浩特和喇嘛湾之间形成土默川平原，也就是著名的敕勒川。"敕勒川，阴山下。天似穹庐，笼盖四野，天苍苍，野茫茫，风吹草低见牛羊。"古时的敕勒川，是牧民的塞外天堂。

图1-8 河套巴彦淖尔平原

图 1-9　乌梁素海湖泊湿地景观（董保华　摄）

在此，需要说明的是，上苍在磴口沿狼山南麓，画出了一道美丽的弧线——乌加河，在狼山东端进入一片巨大的洼地，形成了著名的"塞外明珠"——乌梁素海（图 1-9），这实际上是黄河在历史演变过程中遗留下来的古河道。

黄河在宁蒙河段横跨的银川平原、巴彦淖尔平原、土默川平原，被人们统称为河套平原。北有阴山天然屏障，南有鄂尔多斯高原，西有乌兰布和沙漠，富庶的巴彦淖尔与荒芜的库布齐沙漠一衣带水，静美的宁夏平原与广袤的腾格里隔山相望。肥沃的冲积平原、取之不尽的黄河水与世代先民的智慧碰撞，使得河套地区成为西北地区独树一帜的风景，成为"塞外米粮川"，犹如农耕文明在塞外的一块飞地，孤独而耀眼地被游牧文明包围着，塑造了黄河流域独具特色的灌区生态系统，开辟了一片中华文明的休养生息之地。

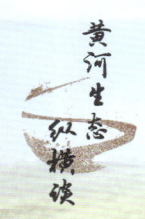

三、粗犷雄浑的黄土高原

黄河行至托克托,上游河段至此结束。随着黄河行过"几"字弯急转南下,视线由北向南调转而去,鸟瞰黄河的另一边,跨越黄河干流银川段以东、库布齐沙漠以南、毛乌素沙地以西、长城以北荒无人烟的内流区,黄河进入了广袤贫瘠的黄土高原腹地。"黄天厚土大河长,沟壑纵横风雨狂。千古轩辕昂首柏,青筋傲骨立苍莽。"形象地描绘了黄土高原的地形地貌特征(图1-10)。

黄土高原的形成素有风成说和水成说。风成说认为,西伯利亚的强风,扬起我国西北大漠的黄沙,随风搬运沉积,堆积成横贯西北四省的黄土地质;黄土高原西北部沙漠高原区、黄土丘陵沟壑区

图1-10 千沟万壑的黄土高原(殷鹤仙 摄)

的逐步抬升和西南渭河平原的强烈沉降，控制着整个黄土高原水系发育的主导方向和河流发育历史，塑造了黄土高原的基本地貌格局；由于气候和人类活动的长期干扰，撕碎了黄土高原原本就脆弱的绿色外衣，让黄土裸露无遗；皇甫川、孤山川、窟野河、无定河支流构成的发达水系遍布黄土高原，大面积裸露松散的黄土，在雨水的冲刷作用下，泥沙俱下，不断注入滔滔黄河干流。于是，有了壶口瀑布的惊涛拍岸与浊浪滔天、"黄河斗水，泥居其七"特有的高含沙水流。

黄土高原和渭河平原的一升一降，在渭河上游和泾河上游隆起了两座"绿色岛屿"——六盘山和子午岭（图1-11）。六盘山山腰地带降雨较多，气候较为湿润，宜于林木生长，形成了较繁茂的天然次生阔叶林，被称为黄土高原上的"绿色岛屿"；美丽、神奇、富

图1-11 黄土高原之上的绿色岛屿

饶的子午岭，被世人赞誉为"北国碧玉""绿色天然屏障""陇东黄土高原上的天然水库"。两山植被茂盛，与黄土高原的荒凉与贫瘠形成了鲜明的对比，黄土高原也被两座绿岛分成了三部分：六盘山以西为陇中黄土高原，六盘山以东至子午岭间为陇东黄土高原，子午岭以东至吕梁山之间为陕北黄土高原。西北独特的水文气候条件塑造了黄土高原塬梁峁沟复杂交织的地貌形态，使得黄土高原的产汇流与产输沙规律探究成为破解黄河水沙变化的难题。

四、唇齿相依的下游滩区

黄河裹挟着来自黄土高原的大量泥沙，浩浩荡荡冲出三门（峡）、穿过豫西大峡谷——八里胡同，进入山前冲积平原，在南岸邙山岭、北岸清风岭的约束下，一路来到郑州市所辖的桃花峪。自此，黄河彻底挣脱高山峡谷的束缚，水势变得平缓，进入她自己历经千万年塑造的黄淮海平原，也是当今黄河跨越三级阶地的最后一级阶地。以桃花峪为界，黄河开始了下游长达800km的旅程。人们在与黄河洪水几千年的博弈中，逐步修建完善了两岸的黄河大堤；黄河大堤在保护两岸人民免受洪灾之苦的同时，也缩小了泥沙沉积的范围，导致河床不断抬升，形成了世界著名的"地上悬河"。两岸大堤的修建，也把原本住在黄河岸边的居民圈在了大堤之内，可以说居住在黄河滩区的189万人为了两岸的防洪安全作出了巨大的牺牲。千百年来，黄河下游滩区作为行洪、滞洪、沉沙的重要场所，滩区社会经济发展受到严重制约，人们只能维持最基本的生存条件，一度成为全国最贫困的地区之一（图1-12）。

黄河下游河道具有典型的复式河槽和强烈的游荡特性。其主河槽是主要的行洪输沙通道，主河槽的稳定是保障滩区安全的重要依托。二者可谓唇齿相依，因此，素有"槽稳则滩存，滩存则堤在"之说。几十年来为了稳定河势，河道整治工程被逐步修建并完善，特别是小浪底水库的建成运用及黄河的调水调沙，使下游游荡性河段河势基本得到了稳定，主河槽的过流能力也达到了4600m^3/s以上。

五、黄蓝交互的大河河口

历经漫漫征程，黄河在山东省东营市垦利县奔流入海，浑黄的河水与湛蓝的海水在

图 1-12 唇齿相依的下游滩区（董保华 摄）

此相遇。由于受到海水的顶托，黄河水流速度到此便彻底减缓，大量泥沙在这里淤积沉淀，加之历史上黄河尾闾段常常左右摆动，多次漫溢、冲积、淤淀，周而复始，年复一年，最终形成了这片辽阔的黄河三角洲，这是中国最年轻的土地。伴随这片土地而生的，是风光旖旎、闻名于世的黄河河口三角洲湿地（图 1-13）。这里水源充足，植被丰富，水文条件独特，海淡水交汇（图 1-14），浮游生物繁盛，极适宜鸟类栖息，被国际湿地组织称为"鸟类的国际机场"。因此，黄河河口三角洲湿地在国际国内都具有巨大的生态价值。

图 1-13　黄河河口三角洲湿地（董保华　摄）

图 1-14　黄蓝交互的大河河口（董保华　摄）

六、千姿百态的生态走廊

黄河河道全长 5464km，由于地形地貌和气候水文特征的空间差异，孕育了不同河段独特的形态特征、典型的河流内部生态系统和流域面上生态系统。

黄河河源区龙羊峡以上干流河长约 1600km，其中源头至鄂陵湖出口长约 200km，河流散乱密布，尚未成型；从鄂陵湖出口至达日县，黄河干流穿行于起伏不大的高原丘陵盆地地带，支流纵横、沼泽湖泊星罗棋布，河谷开阔，河床平坦，河道形态介于辫状与分汊型之间；从达日县至久治县，河道穿行于巴颜喀拉山东南段与阿尼玛卿山中段和南段之间，两岸山势渐高，坡度较缓，河谷略有收缩，狭谷与宽谷相间；从久治县至玛曲县，河流经过开阔的沼泽区，支流黑河、白河等汇入，水量大增，成为黄河第一大产流区；从玛曲县以下，河道从高原下切成为深谷，河谷狭窄，水流湍急，落差较大，浩浩荡荡汇入龙羊峡。自龙羊峡出青铜峡之后，黄河进入宁夏平原和内蒙古河套平原，形成一段游荡性河道；流经黄土高原时，两岸沟壑纵横，加之夏秋多为短历时强降雨季节，造成支流洪峰流量大，含沙量高，主河道淤积河段与侵蚀河段交互出现，狭谷与宽谷相间；流经华北平原时，河床比降小，水流平缓，泥沙淤积，河道宽浅散乱。

这一路，黄河乘气候之变，依山形水势，携浊浪黄沙，历经了九曲十八弯，孕育了千姿百态的河道走廊，也造就了不同河段各具特色的河流生态（图 1-15）。

（a）源区河道　　　　（b）龙羊峡大峡谷　　　　（c）积石峡大峡谷

图 1-15（一）　千姿百态的生态走廊

(d) 晋陕大峡谷　　　　　　　　　(e) 八里峡　　　　　　　　　(f) 下游开封段河道

图1-15（二）　千姿百态的生态走廊

　复杂交织的生态家园

　　纵览黄河，气候环境的空间差异与人类活动的长期影响共同创造了黄河流域不同的生境特征，绘制了一幅流光溢彩的生态画卷。在这片多姿多彩的土地上，可以穿梭于广袤森林，仰望大树遮天蔽日，静闻四野鸟语花香；可以徜徉在如茵草原，坐看碧浪一望无垠，戏观牛羊三五成群；可以跋涉于苍凉大漠，领略长河落日的壮美，目睹夕阳染沙的绚烂；可以踱步在田间巷陌，坐拥四季更迭的美景，纵享春华秋实的自在；可以泛舟于河湖浅滩，闲看草长莺飞鱼翔浅底，远观碧波荡漾候鸟迁徙。

一、葱郁如染的绿色外衣

　　植被是指地球表面某一地区所覆盖的植物群落。植被能否存在及存在的方式与气候、土壤、地形、动物界及水文状况等自然环境要素密切相关。黄河流域气候差异较大，地势起伏剧烈，地貌类型多样，生态环境十分复杂，为各种植被类型生态系统的发育创造了条件（图1-16）。

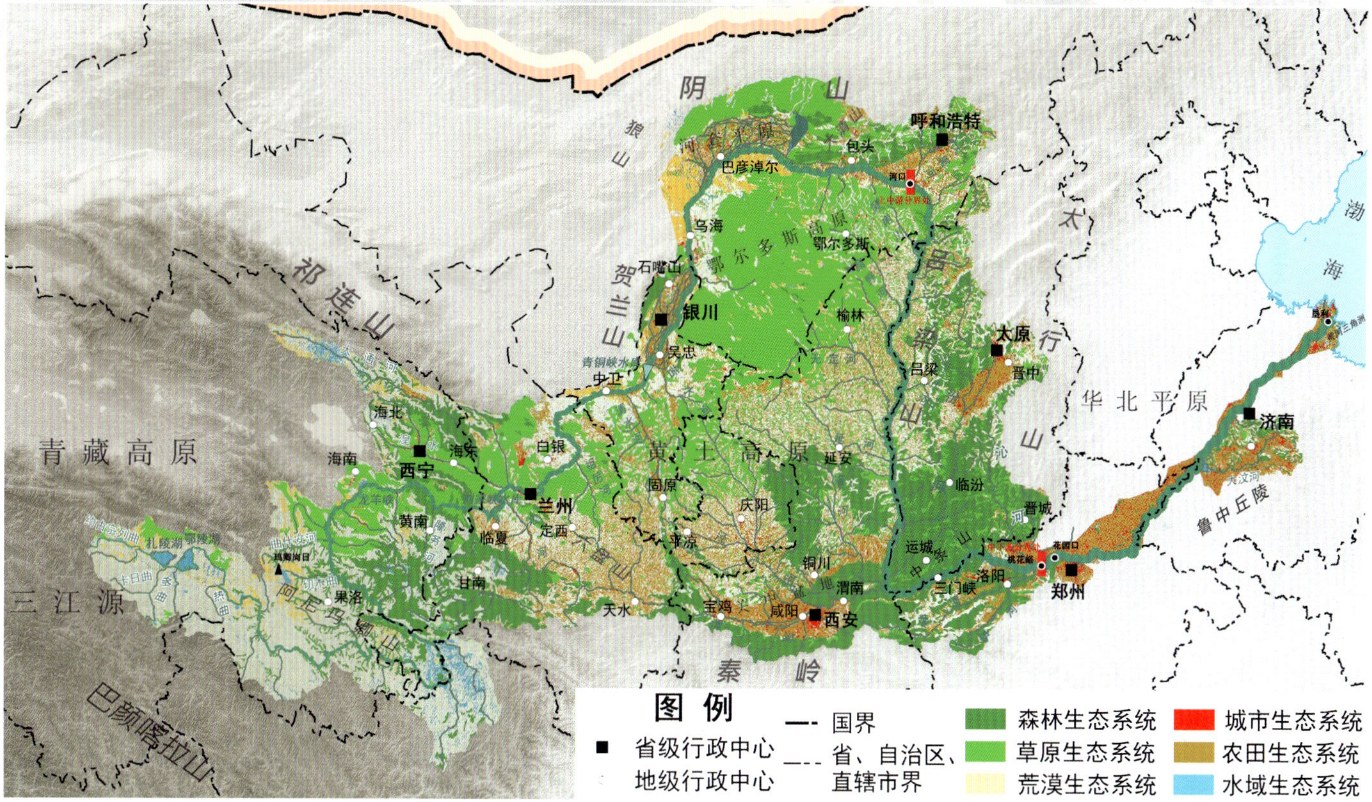

图 1-16 黄河流域典型生态系统总体空间分布

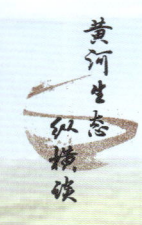

由于水热状况的空间差异，黄河流域植被分布的水平和垂直地带性特征十分明显。从西北到东南，森林、草原、农田生态系统等植被生态景观在黄河流域的版图上呈条带性参差交错，犹如给这片黄土地披上了深浅不一、绚丽多彩的扎染外衣。植被的水平分布是指植物在内陆和海洋的水热差异方向上的自然分布，最典型的例子是我国中纬度地区从东到西的植被分布。黄河流域正处在我国中纬度（35°～40°）地区，从西到东，植物的水平地带性明显，基本呈现高山草甸带—高山灌丛草甸带—山地草原带—森林草原带—落叶阔叶林带的水平过渡特征（图1-17）。植被的垂直分布是指生物在地面高度或水层深度等重力方向上的自然分布，主要是由于垂直上的温度变化引起水热分布垂直上的差异，最典型的例子是高寒山区自上而下的植被分布。黄河流域源区位于青藏高原地区，有大量的高大雪山，基本呈现积雪冰川带—高寒荒漠植被带—高山草甸带—高山灌丛草甸带—高寒针叶林带的垂直过渡特征。

（一）森林生态系统

森林资源是陆地生态系统的主体，是自然功能最完善、最强大的资源库、基因库和蓄水库，具有调节气候、涵养水源、保持水土、防风固沙、改良土壤、减少污染、美化环境、保持生物多样性等多种功能，对改善生态环境、维护生态平衡起着决定性的作用。

森林的生物量巨大，生长条件苛刻，需要足够的水分和土壤养分支撑。黄河流域地处干旱半干旱地区，土壤干旱贫瘠，森林资源相对稀缺，空间分布零散（图1-18）。龙羊

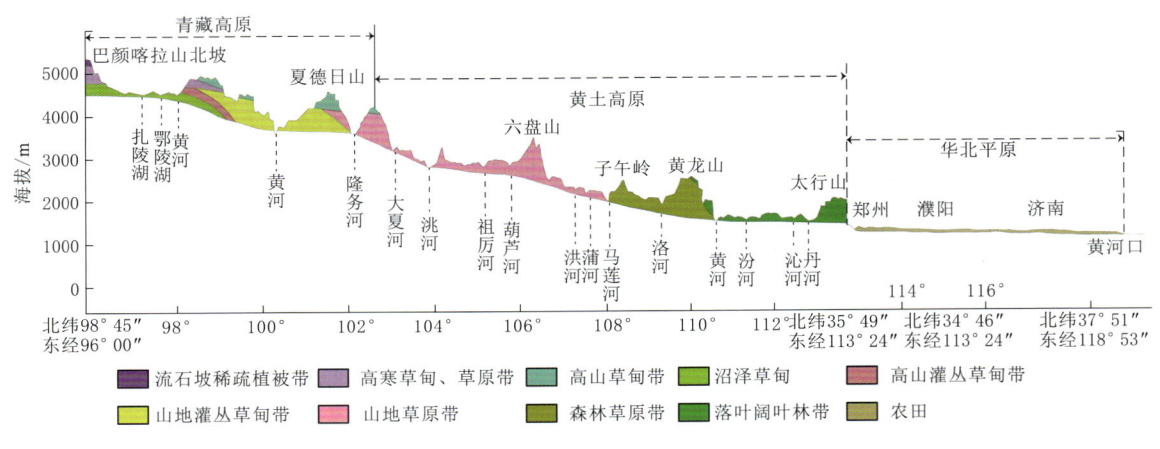

图1-17 黄河流域植被的水平-垂直分布特征图

（改绘自《黄河流域图集》）

峡以上的河源区，森林植被较少，仅在阿尼玛卿山北麓可见高寒区常绿针叶林；大通河、洮河主要分布着寒温性常绿针叶林青海云杉和温带落叶阔叶林白桦、山杨等；北干流吕梁山主要分布着云杉、落叶松、油松、辽东栎等暖温带落叶阔叶林；子午岭、桥山、崂山、黄龙山、关山等，海拔一般为1400～1800m，分布着黄河流域面积最广的天然林植被，山地落叶阔叶林发育良好，以栎类林为主，其次是松、柏林及杨、桦林等；渭河

图 1-18 南小河沟人工恢复后的森林植被

流域秦岭北麓、秦岭余脉伊洛河流域一带正处在南北分界线以北，气温较低，以暖温带落叶阔叶林植被为主；此外，大汶河流域也分布着少量的落叶阔叶林。

值得强调的是，由于水土保持和防风固沙的需要，黄土高原分别开展了"三北"防护林体系建设工程、天然林资源保护工程、退耕还林工程等重大生态建设工程。黄河流域以陕西、甘肃等

图 1-19 黄河源一望无垠的高山草甸（董保华 摄）

地的黄土丘陵沟壑区为主的生态脆弱地区，还分布着大量的人工林生态系统。这些人工林有效改善了黄河流域的生态环境，经过植树造林，黄土高原植被覆盖率显著提升。但是有别于天然林，人工林具有树种组成较少、层次结构较单纯、营养结构简单的特点，个体与群体的矛盾比较突出，生态系统稳定性低，极易遭到破坏。

（二）草原生态系统

由于黄河流域特殊的气候和地理、环境特征，草原成为黄河流域分布最为广阔的生态系统类型，面积占到黄河流域的1/3以上。其中，兰州以西属于青藏高原植被带。这里海拔较高，位于第一大阶梯之上，气候寒冷，植被条件生存条件恶劣，除湟水谷地分布着温带草原外，绝大部分地区皆为高寒草甸、灌丛和高寒草原，是源区最重要的生态系统（图 1-19）。

广义的黄土高原，皆为各种类型的长芒草草原和短花针茅草原。宁夏回族自治区的贺兰山自山麓至山顶，分布着山地草原、山地灌丛、乔木林以及亚高山、高山灌丛与草甸。内蒙古高原草地结构类型自东向西依次更替着克氏针茅草原、短花针茅草原和小针茅草原；山地草原、阴山山脉西段狼山山麓遍布着稀疏草丛，东段大青山山麓多生长着长芒草、冷蒿等草灌植被，海拔1900m以上的峰顶分布着亚高山草甸。陕西省的白于山、六盘山、屈吴山基本上以草原为主，个别地段有草原旱生灌丛和乔木。

（三）农田生态系统

农田生态系统是指人类在以作物为中心的农田中，利用生物和非生物环境之间以及生物种群之间的相互关系，通过合理的生态结构和高效生态机能进行能量转化和物质循环，并按人类社会需要进行物质生产的综合体，是一种被人类驯化了的生态系统（图1-20）。

与其他植被生态系统不同，农田生态系统并不是天然形成的，人类是主导这一切的关键因素。农田中的生物种类单一，群体较大，人们必须不断地对其进行播种、施肥、灌溉、除草和治虫等活动，才能保证农田生态系统的良好发展，从而满足人类对它的期望和要求。一旦人类的主导作用消失，农田生态系统就会很快退化，从而长满各种杂草植物变成别的生态体系。由于影响农田生态系统的环境因子（如光照强度、日照长短、温度、水分、湿度等），会随着季节变化而变化，使得农田生态系统中的植物生长、发育也呈现出明显的季节性变化。

据统计，黄河流域现有耕地面积为1193.33万hm^2，占全国耕地面积的12.4%；2018年，农田有效灌溉面积为631.62万hm^2，耕地灌溉率为52.93%。黄河流域的农田生态系统主要分布在宁蒙河套灌区、黄土高塬沟壑区、黄土丘陵沟壑区的大部、汾渭平原灌区和下游两岸滩地，有旱作农业和灌溉农业之分。需要强调的是，黄河下游滩区和受水区范围内90多个引黄灌区也是黄河流域农田生态系统重要的组成部分，如人民胜利渠灌区、刘庄引黄灌区、打渔张灌区、韩墩灌区、李家岸引黄灌区、潘庄灌区、位山灌区等。由于黄河是一条缺水性河流，农业发展深受水资源的限制，黄河流域农田生态系统也极具脆弱性。

图1-20 因黄河灌溉而生的宁夏沃野良田
（董保华 摄）

二、独具个性的高原荒漠

荒漠生态系统是陆地生态系统中典型的一种。由于水分缺乏，大部分地区地表是裸露的沙土，只有少数地表零星分布着极端耐旱的植物，植物种类单一，生物生产量很低，能量流动和物质循环缓慢（图1-21）。

荒漠生态系统虽然干旱贫瘠，不适宜人类居住，但具有独特的生态价值。零星分布的荒漠草原和绿洲在固定流沙、减弱风蚀、改善环境方面起着不可替代的作用，给沙漠动植物提供宝贵的生存场所，维持着珍贵的荒漠物种多样性。由于温度高、风沙大，荒漠地区拥有丰富的光能和风能资源，这些清洁能源基地的建设，一方面可以改善区域能源结构，减少化石能源的使用，改善生态环境；另一方面也能带动治沙产业的发展，为荒漠带来新的绿色生机。所以，荒漠生态系统是黄河流域有待发掘的金色宝库。

黄河流域的荒漠生态系统主要分布在黄河源区的局部地区和内蒙古高原。黄河源区的荒漠生态系统主要分布在玛多盆地和共和盆地的东部外流区。内蒙古高原的荒漠生态系统主要分布于黄河"几"字弯内的鄂尔多斯高原，包含库布齐沙漠和毛乌素沙地，在黄河以北地区有零星分布。需要说明的是，库布齐沙漠是天然形成的沙漠，在河套灌区发展过程中，部分被改造为农田生态系统；毛乌素沙地是人类发展破坏过程中后期形成的，在黄土高原植被建设过程中，部分恢复成草地生态系统。

图1-21 中卫沙坡头——荒漠与绿洲的千年对唱

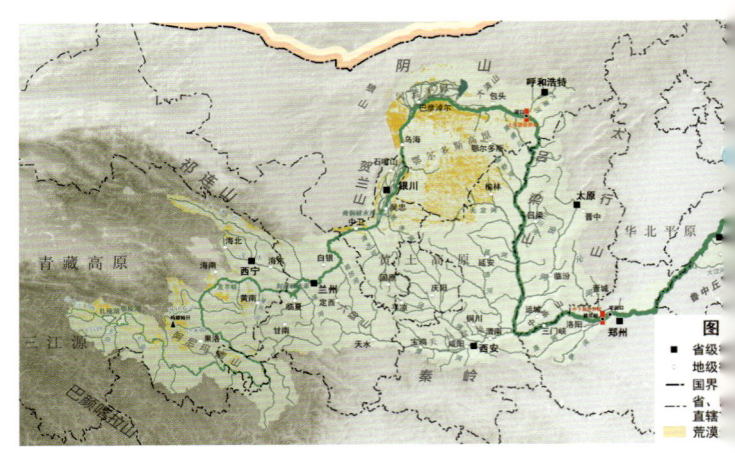

三、穿珠成链的河湖湿地

湖泊和湿地是河流水系形成过程中相伴而生的生态景观。九曲十八弯的黄河宛如一条彩色的链条，湖泊与湿地犹如散落在祖国大地上的颗颗明珠，黄河水系从河源到河口，将这些湖泊与湿地穿珠成链，形成了黄河流域独特的河流、湖泊、湿地共生的水域生态系统（图1-22）。

　　河流生态系统是指河流内生物群落与河流环境相互作用的统一体。水中附着的植物、微型动物起着不断净化水中污染物质的作用；河流中随季节变化的挺水植物可以从河流中汲取营养盐，也为细小的无脊椎动物提供了生境，并成为鱼类的产卵索饵场所。正是生物群落与非生物条件的共同作用才使河流具有较大的环境容量，并具有显著的自净能力，也给水生生物的多样性提供了基础。

湖泊生态系统是流域与水体生物群落、各种有机和无机物质之间相互作用与不断演化的产物，由水陆交错带（湖滨带）生物群落和敞水区生物群落组成。相比于河流生态系统，湖泊生态系统流动性小，水体含氧量低，容易遭受污染；由于湖泊水域通常较深，阳光不易到达湖底，缺乏大型藻类，水体的自净化能力弱。黄河源区的扎陵湖和鄂陵湖、河套灌区的乌梁素海和东平湖是黄河流域分布的主要湖泊生态系统。

湿地生态系统是湿地植物和栖息于湿地的动物、微生物及其环境组成的统一整体，是世界上生产力最高的环境之一，是生物多样性的摇篮，无数的动植物物种依靠湿地提供的水和初级生产力而生存，被誉为"地球之肾"和"物种基因库"。黄河流域湿地主要包括黄河源区湿地、若尔盖草原区湿地、宁夏平原区湿地、内蒙古河套平原区湿地、毛乌素沙地区湿地、三门峡库区湿地、下游河道湿地、河口三角洲湿地8个分布区，总面积约为280万 hm^2，占全国陆域湿地总面积的8%。黄河湿地生态系统对保护水源、净化水质和水土保持具有重要作用，不仅可以蓄水滞洪、调节气候、净化水体，还可以保护繁衍珍稀野生动植物。

四、星罗棋布的城镇聚落

城市生态系统是城市居民与其环境相互作用而形成的统一整体，也是人类对自然环境的适应、加工、改造而建设起来的特殊的人工生态系统。在城市生态系统中，人起着重要的支配作用，这一点与自然生态系统明显不同。在自然生态系统中，能量的最终来源是太

图1-22 "塞外明珠"——乌梁素海
（董保华 摄）

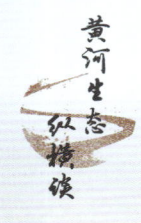

阳能，在物质方面则可以通过生物地球化学循环而达到自给自足。城市生态系统就不同了，它所需求的大部分能量和物质都需要从其他生态系统（如农田生态系统、森林生态系统、草原生态系统、湖泊生态系统、河流生态系统）人为地输入（图1-23）。

同时，城市中人类在生产活动和日常生活中所产生的大量废物，由于不能完全在本系统内分解和再利用，必须输送到其他生态系统中去，所以城市生态系统对其他生态系统具有很大的依赖性。由于城市生态系统需要从其他生态系统中输入大量的物质和能量，同时又将大量废物排放到其他生态系统中去，它就必然会对其他生态系统造成强大的冲击和干扰。

自古以来，人类都逐水草而居。黄河流域城镇和人类聚居地也主要分布在黄河两岸的沟谷盆地，形成了七大城市群，都是沿黄各省经济发展的核心区。如兰西城市群，这里是离黄河源区最近的大规模人类聚集区，生态环境良好；如宁夏沿黄城市群和呼包鄂榆城市群，这里有"塞上江南""塞北粮仓"之称的银川平原和河套平原，水草丰茂，有良田美景，是黄河流域最适宜居住的地方；如关中平原城市群和山西中部城市群，安居渭河平原和汾河谷地，四周青山绿水环绕，是黄河流域资源最丰富的地区；如中原城市群和山东半岛城市群，这里是黄河入海的必经之路，肩负着保卫黄河安澜的重任，这里交通便利，也是黄河流域经济复兴的先行区。

图 1-23 黄河哺育了干支流沿岸无数村庄与城镇（董保华 摄）

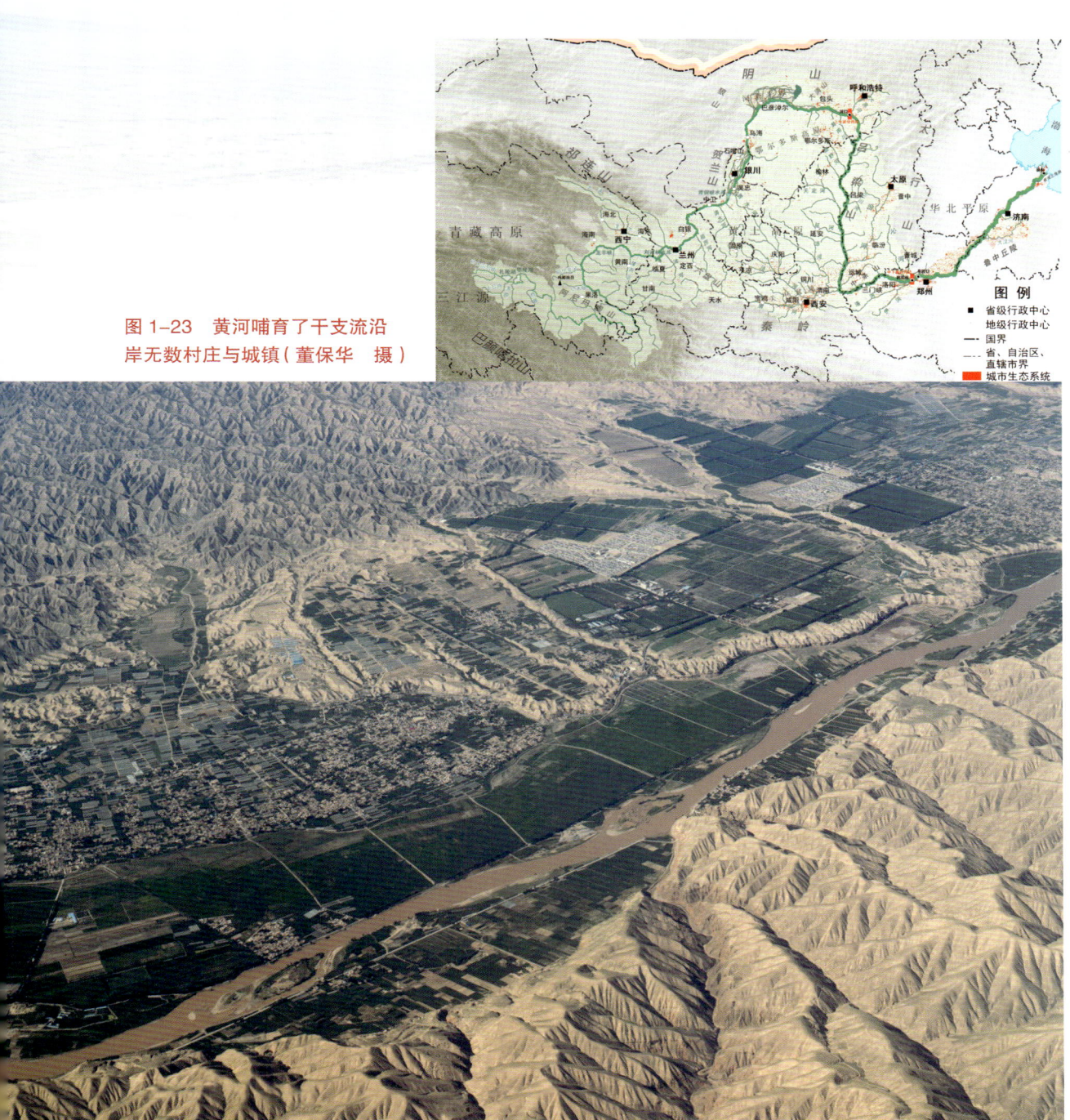

第一章 黄河生态万千重

第二章 为有源头活水来

黄河，从青海省巴颜喀拉山出发，一路向东南方向奔腾而下，流经9个省（自治区），最后汇入渤海。在这个流域上，无数个朝代在此更迭，形成了华夏文明，故事永远都是从黄河源头开始……黄河的源头只有碗口般大小，由巴颜喀拉山北麓的冰雪融水汇集而成。源流而下，草原中星罗棋布地点缀着无数大小湖泊，仿佛是碧玉散落在了高山草地之间。小河如藤蔓把大大小小的湖泊串联起来，汇流成了闻名的星宿海、扎陵湖及鄂陵湖，如耀眼明珠一般镶嵌在青藏高原（图2-1）。黄河自此一路向东南，在巴颜喀拉山和阿尼玛卿山的峡谷中穿行，夹岸数百里，广泛分布着高寒草甸草原、冰川冻土和湿地沼泽，零星夹杂着星星点点的湖泊。河出两山峡谷，逶迤直达若尔盖草原腹地的九曲黄河第一弯。过弯后携白河、黑河沿阿尼玛卿山东麓蜿蜒折北而逝，直至唐乃亥而出源区，一路绝尘而东去。

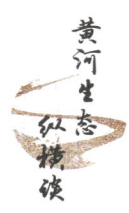

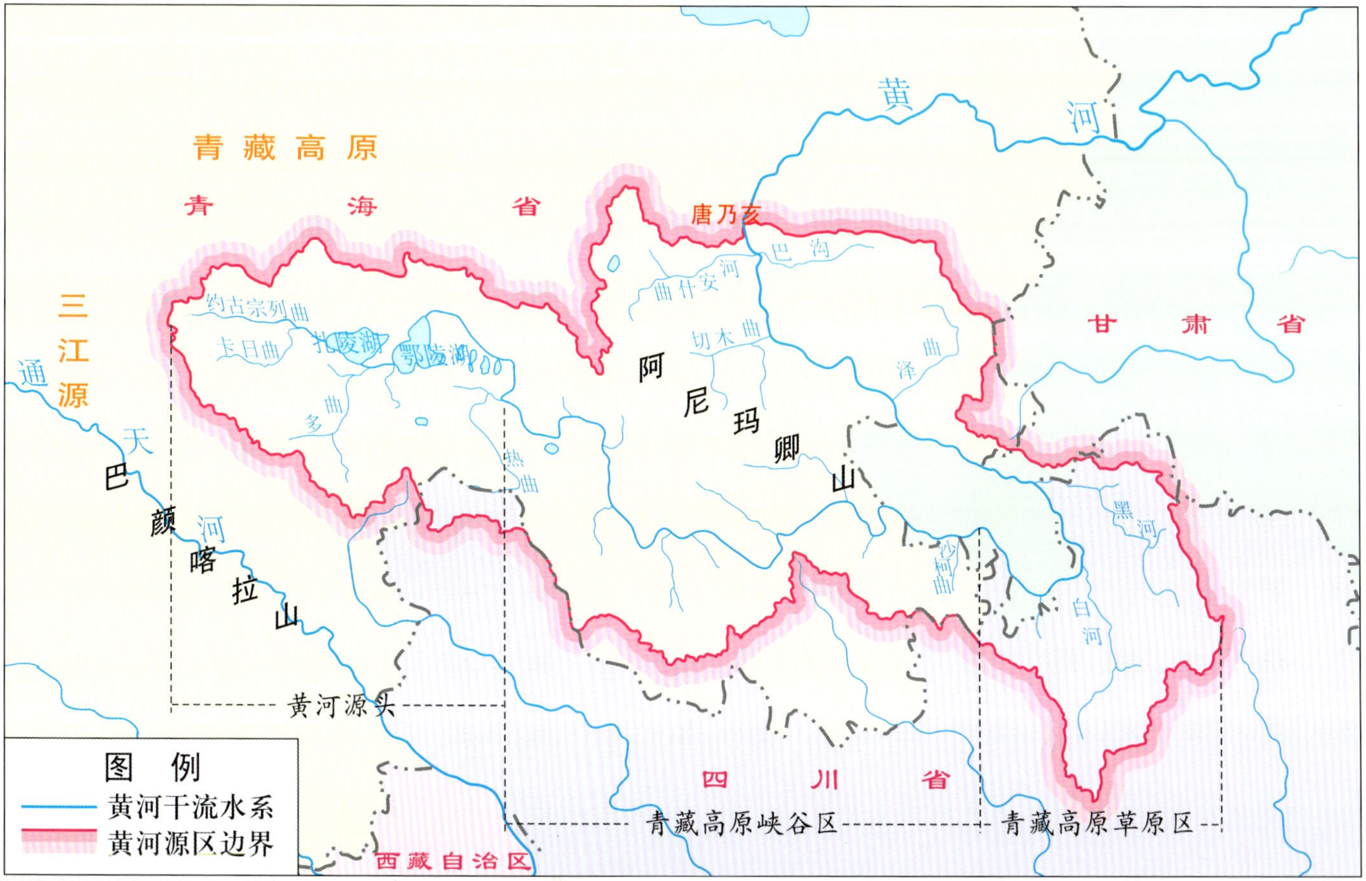

青藏高原
青海省
三江源
通天河
巴颜喀拉山
约古宗列曲
卡日曲
扎陵湖
鄂陵湖
多曲
热曲
黄河源头
唐乃亥
曲什安河
巴沟
切木曲
阿尼玛卿山
泽曲
黄河
甘肃省
黑河
白河
沙柯曲
四川省
青藏高原峡谷区
青藏高原草原区
西藏自治区
图例
黄河干流水系
黄河源区边界

图 2-1　黄河源区总览

第一节　水源涵养话水塔

说到黄河源头，人们首先想到的便是一望无际的碧绿草原和浩瀚无垠的湛蓝天空。习习晚风吹来，空气中弥漫着青草和泥土的香气，白云随风而动，飘散在远处神秘的冰山之中。巴颜喀拉山和阿尼玛卿山环抱着黄河源区的每一寸土地，造就了黄河源区独特的高原山地气候，形成了地下数十米深终年不化的冻土，广泛分布的冻土为黄河源区草地和湿地生态系统发育提供了独特的生长环境。大片连续、不连续和岛状分布的多年冻土、季节冻土是高寒地区重要的固态水源，草地则通过植被与土壤间的相互作用蓄存和涵养水分，以若尔盖为主的黄河源区湿地以其独特的生态功能发挥着蓄水池的作用，分布于阿尼玛卿山区域的冰川是雪域高原的固态水库，冻土、草地、湿地、冰川等共同构成了黄河源区水源涵养的主体。黄河源区以 15% 的流域面积贡献了全流域超过 37% 的产水量，是黄河流域最重要的产水区和水源涵养区，因此也被称为"黄河水塔"（图 2-2）。

一、冰川冻土固态水

冰川冻土是黄河源区的巨大固态水源，而绵绵不绝的黄河水仿佛是冰山上的神秘来客，来无影，去无踪，让人无法追寻它的踪迹。在藏族文化的洗礼下，黄河源区的冰川被赋予了神秘的宗教色彩。阿尼玛卿冰川又称玛积雪山，藏语意为"祖父大玛神之山"，被当地藏族人民视为圣山，它更像是大爱无言的父亲一样，默默地站在那里，注视着给养着一代又一代的华夏儿女。阿尼玛卿山迷人的传说为她披上了神圣、神秘、神奇的色彩，她不仅自然风光旖旎，而且现代冰川十分发育，大小冰川 40 余条，面积约 150km^2，蕴藏了丰富的水资源，冰川融水分别汇入黄河支流切木曲等水系。

如果把冰川比作父亲的话，那源区绵延不绝的冻土则更像是孕育滋养万物的母亲，用她的身躯源源不断地为万物生灵提供生命之水，使得源区沼泽湖泊星罗棋布，河流交叉纵横，姊妹湖、星宿海、若尔盖湿地是她享有盛名的一众儿女。冻土阻止了地表径流的下渗，使大量的水分聚集在冻土层以上，土壤孔隙中填充了大量的分凝冰、胶结冰等地下冰体。这些是高寒地区重要的固态水源（图 2-3）。

二、高山草甸蓄甘露

"草原的风，草原的雨，草原的羊群；草原的花，草原的水，草原的姑娘。"一入源区草原，耳畔便自动回响起这支悠扬的牧歌，像无限循环播放一样经久不绝。青青草色是源区最显著的特点，放眼望去芳草碧绿连天，是源区最不能忽视的生态景观。源区的草地以高寒草甸和高寒草原为主，占源区总面积的 70% 以上，山地阴坡多为高寒草甸，山地阳坡多为高寒草原和草原化草甸。高山草地植被通过降水截留、凋落物吸收水分阻缓地表产流，以及阻滞地表蒸发

图 2-2　多源涵养的黄河水塔

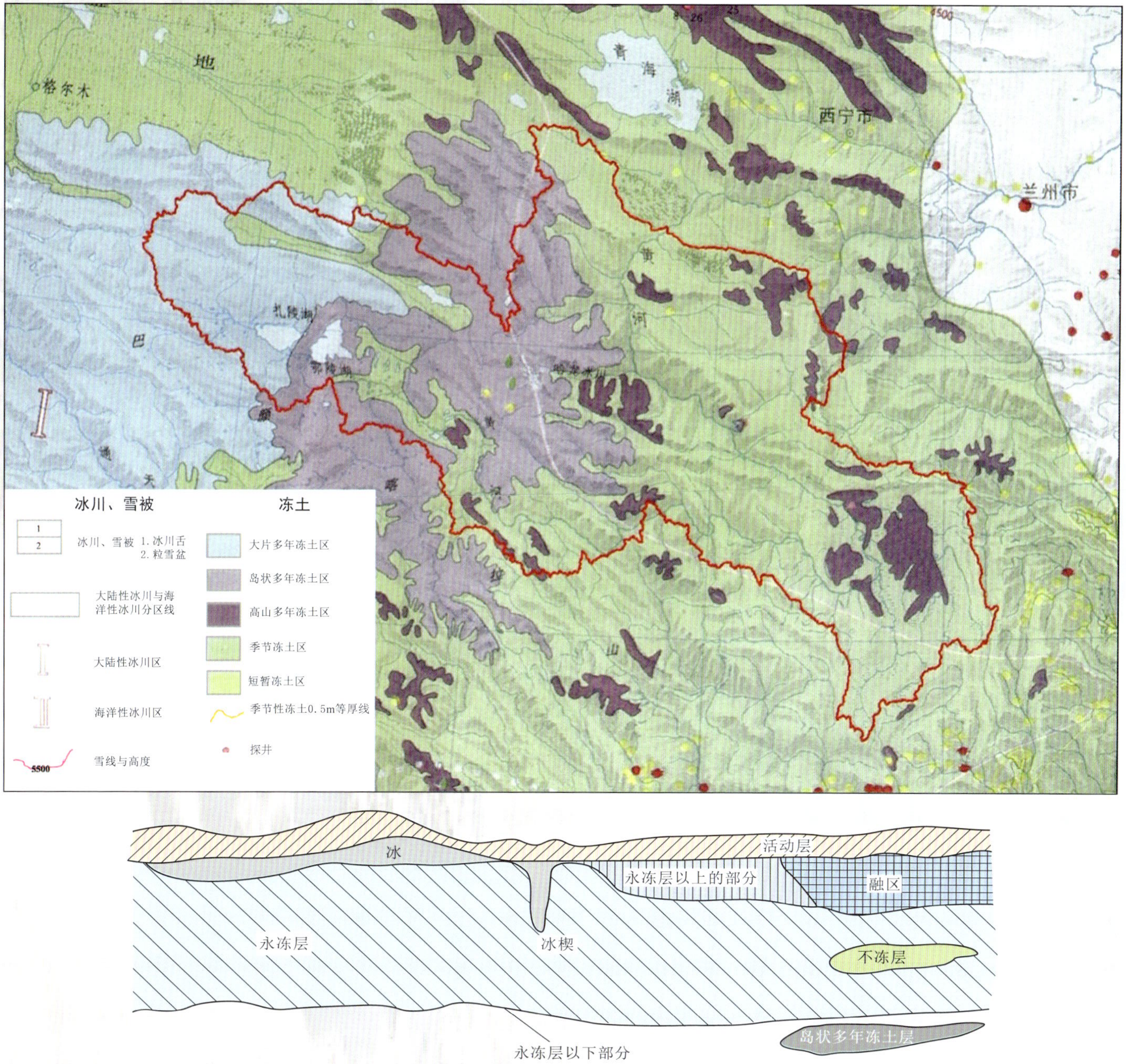

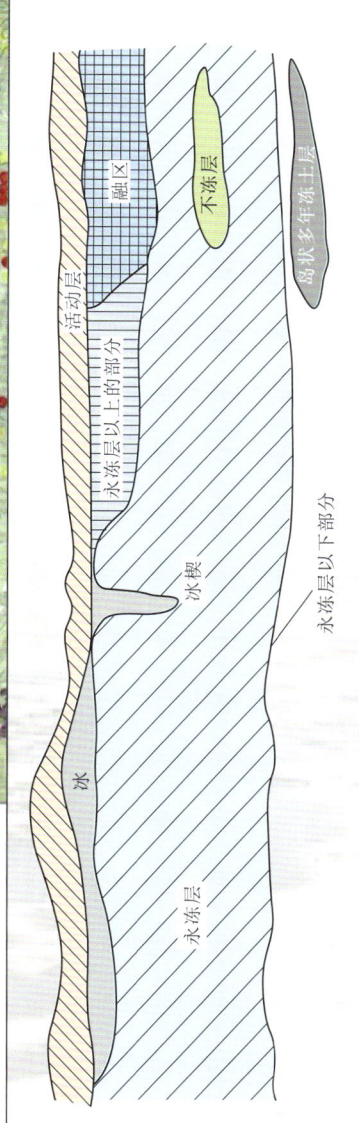

图 2-3 黄河源区冰川冻土分布及结构图

等方式涵养水源，同时草被发达紧密的根系通过疏松土壤提高了土壤的透水性和渗透速度，根系网和土壤团粒结构的综合作用显著提高了草地土壤对降水的渗透和贮蓄作用（图 2-4）。

由于草甸土具有良好的保水特性，使草甸植物得以在恶劣环境下生存，但致密的植物根系与土壤直接覆盖在干燥的基岩和砂砾石上，又显得十分脆弱。高山草甸主要由耐旱耐寒的多年生密丛型禾草、根茎型苔草以及垫状的小半灌木植物为建群种构成的植物群落和与之相适应的动物、微生物组成，是生物生产力较低的陆地生态

图 2-4　绵绵细流汇成河（董保华　摄）

系统，其生态功能包括气候调节、养分循环与贮存、固碳释氧、水源涵养、土壤形成、侵蚀控制、废物处理、滞留沙尘和生物多样性维持等。由于高寒地区既是气温较低的寒区又是降水较少的旱区，生态环境极其脆弱，极易受到人类活动影响而发生风沙化、荒漠化。

三、涓涓细流启征程

黄河源区的另外一个著名的标签就是"黄河水塔"，其湿地生态系统主要由阿尼玛卿冰川、星宿海、姊妹湖、星星海、若尔盖沼泽湿地以及星星点点的湖泊水系组成，是黄河流域的重要水源涵养区。水源涵养最早是指森林生态系统对河流水量的影响，即径流调节作用，在黄河源区，主要指的是湖泊、河流、湿地、冻土和冰川等湿地生态系统不容忽视的蓄水功能。源区有大大小小湖泊5300多个，扎陵湖、鄂陵湖是其中最大的两个天然淡水湖泊，两湖蓄水量达165亿 m^3，相当于黄河流域年总流量的28%，是源区天然的蓄水池。

黄河源区众多的湖泊和沼泽，孕育了多种典型高寒生态系统，其中湿地是源区最重要的生态系统，面积约占源区总面积的8.4%，是生物多样性最为集中的区域，具有较强的水源涵养能力，是最重要的生命保障系统之一。黄河源区湿地生态系统以高寒沼泽湿地为主，其面积约为113万 hm^2，约占黄河源区总湿地面积的78%；以湖泊湿地和河流湿地为辅，湖泊湿地面积约为20万 hm^2，约占黄河源区总湿地面积的14%（图2-5）。由于处在高寒地区，水温较低，浮游植物和鱼类生长缓慢，栖息着大量候鸟，这里是鸟类和鱼类的天堂（图2-6）。

长期以来，黄河源区湿地生态系统在蓄洪、涵养水源、防止水土流失等方面发挥着极其重要的支撑作用。一方面，维护黄河源头生态系统的平衡，在一定程度上关系着生态系统的演替；另一方面，

图 2-5　黄河源头丰富的湿地

图 2-6　若尔盖沼泽——我国最大的泥炭沼泽分布区

对维持黄河中下游生态平衡起着积极保护作用，直接关系到黄河流域经济的可持续发展。一旦失去这个生态屏障，整个生态系统就向无序发展，甚至导致系统的崩溃。

第二节　漫漫生态变迁史

历史上，源区水草丰美、生物多样、湖泊众多、生态良好。受气候变化和人类活动影响，在 20 世纪末至 21 世纪初，这里的草原退化沙化严重，黑土滩遍地，鼠害猖獗，湿地萎缩，湖泊干涸，雪山消失，野生动物难觅踪迹，生物多样性受到严重威胁。2003 年以后，黄河源区甚至出现多次断流，生态系统逐渐退化。2005 年，为加强草原、森林、荒漠、湿地与河湖生态系统保护，黄河源区实施了以保护和恢复为核心的生态保护建设工程。2016 年，黄河源区开展了全国首个国家公园体制试点建设，在"生态保护第一"的前提下，不断探索人与自然和谐发展之道。

一、冰川退缩：消失的固体水库

2019 年 7 月，冰岛失去了奥克冰川。当地人聚集在一座碎石坡上，为它举办了"葬礼"。纪念碑上刻着一封给未来的信：这是第一条痛失冰川地位的冰川。在接下来的 200 年里，所有的冰川都将遵循同样的灭亡路径……

事实上，冰川葬礼离我们并不遥远。根据中国两次冰川编目统计，自 1970 年前后到 2010 年，全国冰川面积减少了 12442.4km²，占冰川总面积的 20.6%。阿尼玛卿雪山地处黄河源头，是黄河源头最大的冰川发育区，其中哈龙冰川是黄河源区最大、最长的冰川。1987—2006 年的 20 年间，哈龙冰川面积由 21.39km² 缩小至 20.59km²，冰舌末端长度减少了 750m，后退速率达 39.5m/a。2006—2017 年的 12 年间，冰川面积进一步缩减至 19.73km²，冰舌末端后退 450m，后退速率增加至 40.9m/a，年退缩速率较上一阶段增加 79%（图 2-7）。

冰川面积缩小只是表面现象，实际上，冰量的变化反映了冰川水资源的损失。冰川是一座"固体水库"，对河川径流起着重要的补充和调节作用，同时扮演着水汽源和汇的双重角色。在枯水年，高温少雨使得冰川积雪消融加剧（图 2-8），可对河川径流有所补充；

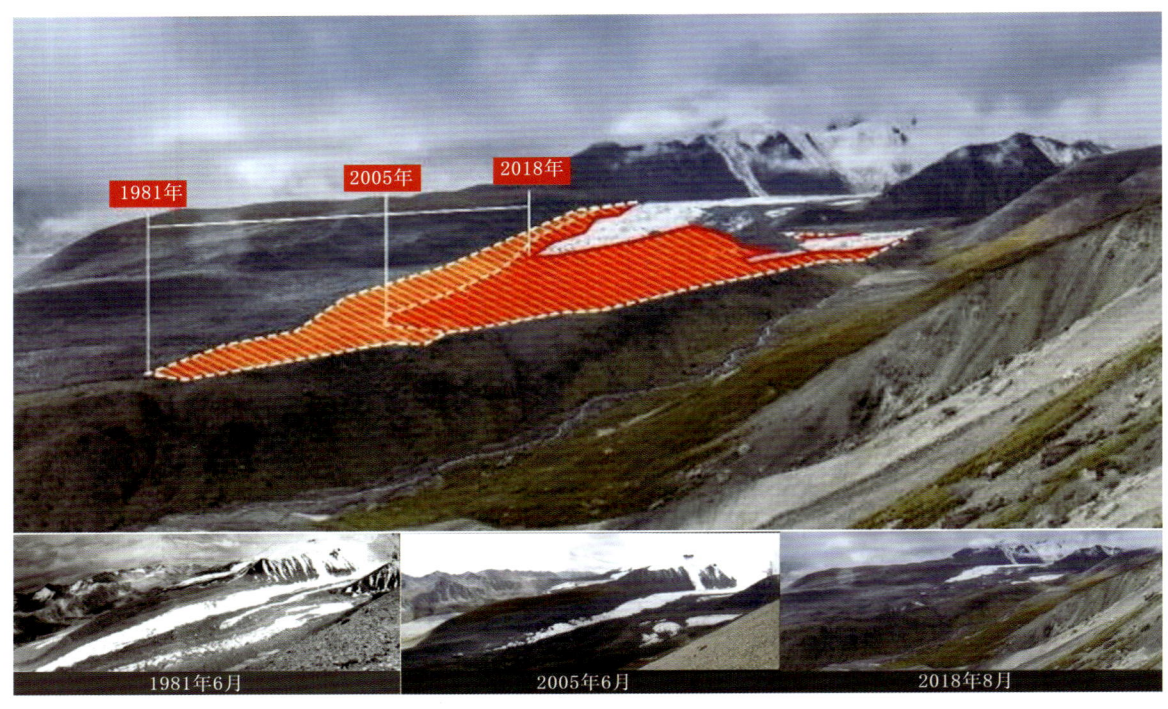

图 2-7　阿尼玛卿山哈龙冰川冰舌末端位置对比图

而在多雨低温的丰水年，大量的降水被储存于冰川积雪，一定程度上又会减少河流的水量。

你可能要问："冰川加速融化，水资源不是变多了吗？"没错！从短期来看，由于气温升高，冰川融水出现逐年增加的趋势，近50年来，中国冰川融水径流增长高达53.5%。冰川的持续消融引起的湖泊面积扩张、深度增大以及水储量的增大。冰川积雪的融化会在短时间内增加径流，但同时也会增加损耗，这使得水源增加的总量非常有限。从长期来看，冰川融水径流的增加并不可持续，当冰川融水达到峰值后，剩余的冰川将不能维持径流的增加，冰川融水将急剧减少，冰川下游的人类生存将面临着严峻的水资源短缺风险。

冰川被称作气候变化的指示器和放大器，对气候变化最为敏感，气温的持续升高是冰川消融的主要原因。气温升高导致冰面消融加

图 2-8 冰川积雪消融

剧和积累量减少,同时引起冰温升高、冰裂隙增加、冰川破碎化加重、消融面增大等。在冰川区降水的形式一般为固态,即降雪,但随着气温升高,部分区域的降雪逐渐转变为降雨,导致低海拔冰川区的降雨比例增加明显。降雨释放的潜热也加速了冰川消融。除此之外,人类活动导致的扬尘、黑炭气溶胶等污染物沉降在冰川表面,造成冰川反照率降低,更容易吸收太阳辐射,这在一定程度上加速了冰川的消融。而冰川的消融会使黑炭等在冰川表面富集,造成冰川吸收更多热量进一步加速消融。

二、冻土消融:解体的天然隔层

辽阔的高原,在这片神秘而平静的土地下,"躺着"一种对温度极为敏感、自然界极不稳定的含冰土壤。它也是高原生态系统中很难分离的一部分——冻土。

冻土是何物？冻土是指0℃以下含有冰的各种岩石和土壤。目前常见的冻土分类是根据土、石冻结状态延续的时间进行划分的，一般将其划分为短时冻土、季节冻土和多年冻土。冻结状态只延续几小时或数日的冻土称为短时冻土或瞬时冻土；冻结状态持续数月，冬季冻结、夏季融化的土层称为季节冻土；冻结状态持续两年或两年以上的冻土层称为多年冻土。多年冻土可分为上、下两层，下层终年不化的土层被称为永冻层，上层随季节变化而发生冻融变化的土层被称为季节融化层（图2-9）。

如果把黄河源区比作蓄水池的话，那么冻土就是水池底部隔水层。冻土层是气候系统中变化最敏感、反馈最直接的圈层。联合国政府间气候变化专门委员会第六次评估报告指出，由于增温导致全球范围的多年冻土持续退化，在许多区域，冻土消融正在改变区域内的水文系统，影响当地的水资源量和水质。青藏高原江河源区各类型冻土面积约150万 km^2，20世纪90年代与70年代相比，多年冻土减少了约16万 km^2。其中黄河源区冻土中多年冻土占85%，季节冻土占10%，融区占5%。20世纪60—90年代，黄河源区约有3.1万 km^2 的多年冻土转化为季节冻土（图2-10）。

图2-9　冻土的分层结构

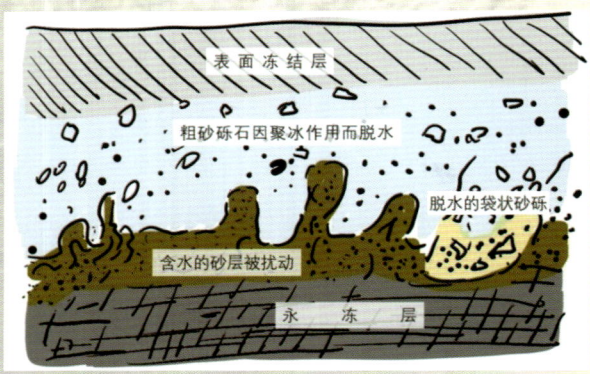
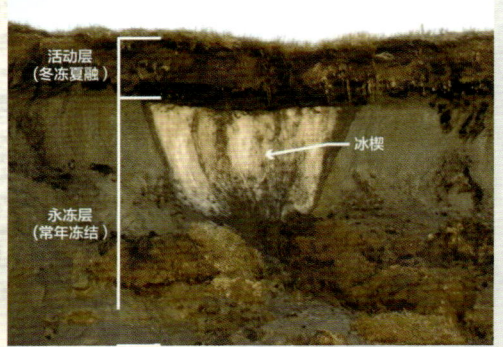

冻土是气候变化的指示器，冻土的消融反映了全球范围急剧升温的影响。与此同时，多年冻土的变化也通过一系列的水热交换过程对气候系统作出反应。当土壤冻结或融化时，会释放或消耗大量的潜热，从而影响气候变化。由于冻土的存在，高原植物长期依靠冻结滞水维持生长，与冻土一起储存了大量的淡水资源，形成了一片典型而独特的冻土森林。当冻土融化时，由于地形原因，在原来的多年冻土区，土壤会变干，水会聚集在低洼地带，使那里出现湿地。高原植物的生长状况因此发生了恶性变化，冻土植被逐渐消失，从而导致湿地的萎缩。

图 2-10　冻土的持续退化

三、湿地萎缩：衰竭的地球之肾

在青藏高原东部边缘，从雪山奔流而下的冰川圣水，刚刚走过黄河九曲十八弯的第一道弯，在母亲河温柔的臂弯里，有一片水草丰美的湿地——若尔盖湿地。红军当年长征时爬雪山、过草地的地方，指的就是这里。近年来，由于过度放牧、气候变暖、鼠害猖獗等原因，这片枯水期能为黄河提供 45% 水量的高原湿地，正面临沙化威胁，美丽的景色一步一步被黄沙掩埋。若尔盖湿地的萎缩正是黄河源区湿地退化的缩影。在黄河源区不同的湿地类型中，沼泽、湖泊和河流面积均处于萎缩态势中，许多小湖泊消失或成为盐沼地，湿地变为旱草滩（图 2-11）。湿地面积从 1990 年的 38 万 km² 萎缩为 2004 年的 34 万 km²，前 10 年平均每年萎缩 2300 多 km²，后 4 年平均每年萎缩 4200 多 km²，萎缩速度是前 10 年的 1.8 倍。自 2005 年以来，黄河源区湿地仍在进一步加速萎缩，地下水位持续下降，沼泽湿地向自然疏干方向发展，湿地面积锐减 1/3。湿地萎缩的势头在"十三五"时期得到有效遏制，其中扎陵湖、鄂陵湖水体面积分别增大 74.6km² 和 117.4km²，黄河

（a）1972年（茹遂初 摄）　　　　　　　（b）2009年（曲向东 摄）

图 2-11　黄河正源星宿海对比

源区得以再现"千湖美景"(图2-12)。

湿地退化是生态系统退化的"前奏曲"。气温升高导致蒸发量增加和冻土隔水层退化,从而造成湿地干旱现象,进而导致草地产生裸露斑块,啮齿类动物活动增加,造成草地剥蚀、湿地草甸缩小,裸露斑块进一步增大。裸露斑地合并成较大裸露斑块,湿地草甸消失,高寒草原产生。最终,以藏嵩草等为主的湿地草甸景观消失,形成了一个以高山嵩草、针茅等为主要建群种的高寒草原景观。这些生态景观的变化使源区水源涵养能力普遍下降,河流补给量急剧减少,对流域的供水和生态安全构成了严重威胁。

图2-12 青海省果洛藏族自治州玛多县境内湿地(张龙 摄)

四、草场退化：失色的绿茵地毯

天还是那样的蓝，云还是那样的低，但草色已不再是那样的郁郁葱葱。由于受气候变化、超载放牧和鼠虫害等影响，源区草地退化面积已达三成以上，昔日青青河畔草变成今日滚滚黄沙地。黄河源区是冬春草场，面积小但利用时间长，在20世纪中叶以前，这里仍然是水草丰美的地方，植被覆盖率高，草场高度在1m以上，长势好，品种多。然而到了20世纪80年代，随着人口密度的不断增大和存栏牲畜数量的增多，草场长期处于过度放牧状态，草地退化趋势明显。据调查，20世纪80—90年代黄河源区年均草原退化速率比70—80年代增加了3倍多。截至2020年，黄河源区中度以上退化草场面积近7.33万 km^2，占草场总面积的78%（图2-13）。黄河源头第一县玛多县草地退化1.61万 km^2，约占全县草地面积的83%。原来大约25亩草场的草就够养一只羊，现在六七十亩草场养一只羊都很困难。

更可怕的是，草场退化，空气湿度越来越低，云层越来越薄，降雨随之减少，蒸发量却越来越高了，严重退化、沙化的草原已

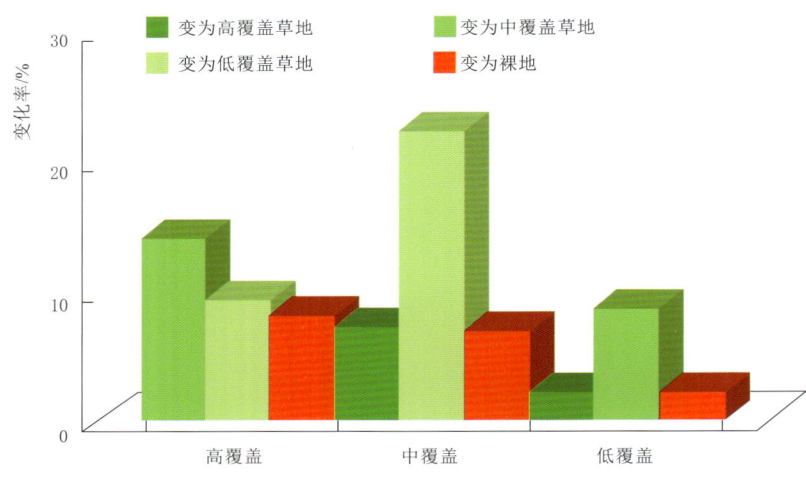

图2-13　1980—2020年黄河源区草地退化状况

"无力"涵养黄河源头的水土。干旱使得那些裸露的地表不断沙化并向外扩展,黄河源区的草和水开始恶性循环。由于草地的退化,导致了植株稀疏和矮化,毒杂草增多,而草地鼠虫害的频繁发生,更加剧了草地退化的趋势。同时,草地退化引起土壤的水分涵养能力日益薄弱,土地出现沙化的趋势,从而影响源区的综合水源涵养功能,地下水位降低进一步使得产流减少,水资源状况不断恶化引发水土流失、土地沙漠化、生态恶化及碳汇丧失等一系列严重的后果(图2-14)。

图2-14 黄河源区草原退化

草原上为什么几乎不长树？

一望无际的草原上很少能够看到树，但是在大家的印象中，树和草基本都是长在一起的，为什么草原会如此超乎寻常呢？这主要归结为两大原因：首先，是降水问题。草原大多分布在干旱、半干旱地区，降水量少，季节分布不均匀，年度变幅大（图2-15）。在年降水量400mm以下的地区植树，成活率极低。在干旱草原上种树非但不能改善生态，还会加速水分蒸发、草原干旱和退化。其次，是土壤问题。草原地区的土地不太适合树木的生长，树木的生长是需要相对松软湿润的土壤，而草原上大部分的土壤厚度只有20cm左右，且有丰富的钙质沉淀，不太适合树木的生长。我们要注意，认为树木比草重要的想法是不正确的，植树造林应以水资源的承载为前提。在草原上挖坑种树，由于气候不适宜，树木的成活率很低，即使一部分成活，也会成为未老先衰的"老头树"。这样一来，草原上的原有植被也会受到严重破坏，导致沙土层裸露，增大了扬沙的可能性。这种做法不仅无法起到保护生态的效果，反而会带来破坏作用。

图2-15 黄河源区大草原

第三节　生态疾患探根由

一、气候变暖首当其冲

数千年来，地球的全年气候一直保持稳定。正如我们的身体一样，地球可以通过自我调节维持气候的动态平衡，这也是生态系统最重要的特征之一。地球生态系统内在的生态平衡一旦被打破，将对环境造成不可逆的影响。气候变暖给人类及生态系统带来的灾难是显而易见的：极端天气、冰川消融、永久冻土层融化、草场退化、湿地萎缩、旱涝灾害增加、生态系统改变等，黄河从源头到入海口，气候变暖产生的影响都是不可忽略的（图 2-16）。随着升温越来越快，导致阿尼玛卿等高山的冰川消融，对淡水资源形成长期隐患；冻土融化导致地下隔水层消失、土壤含水量下降和土壤蒸发消耗增大，严重的将导致古冰川和冻土释放古细菌和病菌，引发各种疾患。黄河源区受气候变暖影响是非常剧烈的，被称为气候变化的"预警器"，其所经历的气候变暖过程要比周围地区更为强烈，草地和湿地等生态系统均受到气候变暖的威胁，生物多样性损害严重。

生态环境变化和气候变暖的作用是相互的。在人类活动的影响下，臭氧层遭到破坏，太阳辐射增加，加之快速工业化产生的温室气体加剧排放，黄河源区气温显著升高，20 世纪 60 年代以来，年平均气温以每 10 年 0.3℃的趋势增长，2000 年以来的气温显著提升，相比于 20 世纪 60 年代提高了 2℃之多，导致了冰川积雪的大量消融和冻土的大面积退缩（图 2-17）。冰川和冻土中蕴含了大量的有机碳，消融后在微生物的作用下迅速释放其中蕴藏的温室气体，加速了气候变暖的趋势。同时，大规模的冰川融化、湿地萎缩和草场退化造成地表反射率的改变，将极大地影响区域气候过程和大气环流运动，反过来又影响气候的变化。

气候变暖导致水体升温，使很多水生动物因此无法正常呼吸。温室气体会导致水体失去大部分的氧气，一些濒危物种难逃灭绝厄运。气温上升将破坏源区的生态系统，昆虫的

(a) 冰川消退　　　　　　（b) 海平面上升　　　　　　（c) 干旱

(d) 生物多样性减少　　　（e) 荒漠化　　　　　　　　（f) 灾害性天气增多

图 2-16　气候变暖的危害

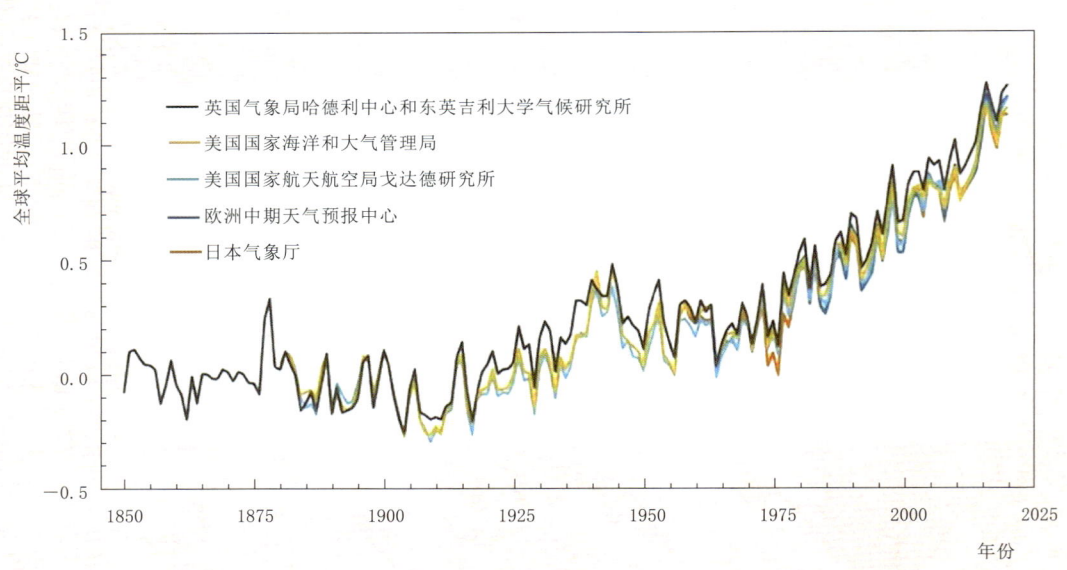

图 2-17　1850—2019 年全球平均温度距平值（英国气象局）

栖息地将大幅度减少，加剧了许多昆虫、借助昆虫授粉的植物灭绝的风险。同时，气候变暖趋势导致许多爬行动物比例失调，进一步引发种群衰退，影响未来的遗传多样性。动植物物种还会因不适应而种群数量减少、迁移及生态退化。

造成气候变暖的原因是什么？

造成全球变暖的原因是多方面的，有人为因素也有自然因素（图 2-18）。人类在近一个世纪以来，为了发展科技、提高生产力，使用了大量的矿物燃料，如煤、油、天然气等，这些燃料的燃烧会排放出大量的二氧化碳等温室气体，这是导致全球变暖最大的因素之一。不仅如此，随着全球人口的激增，为了满足人类的需求，大量的森林、湿地被破坏，生物多样性锐减，生态系统受到冲击，植被的减少导致这些温室气体不能完全被吸收，光合作用下降，因此引发温室效应，导致全球变暖。就自然因素而言，太阳活动、火山活动及气候系统内部的低频振动都可能影响气温变化。由于太阳辐射和火山活动历史序列资料的不确定性，以及人们对气候系统响应太阳输出辐射变化的认识还不够深入，严格地说，目前还无法准确评价其对气温变化的影响程度。海洋－大气系统年代以上尺度的低频振动，如北大西洋涛动、北极涛动、太平洋年代涛动或厄尔尼诺－南方涛动等的多年代振动，对气温可能也具有重要影响。最新的 IPCC 报告指出，影响 20 世纪气候变化的主要因素是太阳活动、火山活动和人类活动，过去 100 年特别是过去 50 年的全球气候变暖极可能是由大气中二氧化碳等温室气体浓度增加引起的，人类活动排放的温室气体在近 50 多年的全球变暖中起到主导作用。

图 2-18　气候变暖的两大主要原因

二、过度放牧变本加厉

20世纪70年代末到80年代初,玛多县的牲畜曾多达67.7万头,这让人口不过1万人的玛多县成为当时全国人均收入最高的县,但过度放牧现象已初见端倪(图2-19)。1973年,玛多县退化草场面积506.5万亩,占草场总面积的17.1%。但这些并没有引起人们的重视,"突破百万牲畜"的口号依然喊得震天响。一时间,密密麻麻的牛羊遍布玛多草原,人们在享用其带来的经济利益的同时,也在日削月割地侵蚀着生态。牲畜多了,新的问题出现——劳动力不够用了!就引外地人来发展畜牧业。这样一来人口、牛羊数量不断增多,草原厚度不断下降,直至只剩草根贴着地面。进入20世纪90年代以后,玛多县70%的草场出现退化,牲畜存栏数逐年下降,到

图2-19 过度放牧

1999年仅有28.6万头，截至2005年年底，玛多县牲畜存栏数降到18.6万头，仅相当于最高峰的1/4，过度放牧让每只羊的可利用草场面积下降了近七成，逼迫玛多"压缩"牛羊数量。

过度放牧破坏了脆弱的草甸土结构，降低了它的保水功能，若遇旱灾，牧草便会大片死亡，导致高原草场退化和沙化。这不仅危害到源区牧民赖以生存的草场，而且还会使源区的山地、坡麓和滩地失去高山草甸的呵护，暴露在地表，任由风雨侵蚀，出现大面积的砂砾地，危及源区及周边地区生态环境的安全。

三、鼠害猖獗助纣为虐

抖动肥臀，跳跑结合，三两成群，动作迅速，黄河源区退化草场上，随处可见一群群高原鼠兔窜动的身影。高原鼠兔，圆耳朵，大眼睛，一副萌萌哒的样儿（图2-20）。它们喜欢在草场退化的地方打洞筑巢，而散落在洞口的土壤会结成板，导致草无法生长，加剧草原退化速度，这很让当地牧民和林草部门头疼。并不是因为它们长得像兔子便叫高原鼠兔，而是它们具有兔子般的繁殖能力。高原鼠兔是从西北迁徙而来，一旦种群减少，它们就会快速聚集起来疯狂繁殖，一只鼠兔一年多的可生4～6胎。据统计，一只鼠兔光是有效洞就有8个左右，它们打洞会加速草地退化、沙化。

图2-20 黄河源区鼠兔

鼠兔同牲畜一样喜食优良牧草,其穴道往往切断草根,洞道纵横,洞口外堆起一堆堆虚土,压坏牧草,使成片牧草枯死,草皮脱落,遇水塌陷,形成次生裸地。据调查,源区鼠害发生面积已占可利用草地面积的29%,果洛州平均每公顷有高原鼠兔120只、鼠兔洞口1624个,每年消耗牧草47亿kg,相当于286万只羊1年的饲草量。鼠类在草地上的啃食、掘洞造成大面积的裸地,轻者可使草地生产力下降,优势植被种群发生变化,毒杂草蔓延,严重的话可使大片草地成为黑土滩。鼠害造成的裸地及阴阳坡次生裸地地表土壤的含水量比原生草地表土壤的含水量分别损失水分22.18%、22.27%。这充分说明,鼠害不仅破坏草地资源,而且也降低了草原涵养水分的能力,从而导致草场退化,生态失调(图2-21)。

图2-21 鼠兔破坏的草原

鼠兔不喜欢潮湿，喜欢生活在草长得低矮的草场，有利于它躲避天敌。高寒草甸草场鼠害程度与放牧强度有关，放牧强度越大，草场植被覆盖度越下降，高原鼠兔大量入侵，形成草场越退化鼠害越严重的特殊生态破坏现象。退化、干旱的草场正好适合鼠兔的生存，加上鹰、狐等鼠类天敌逐渐消失，致使鼠害猖獗。水多草好的地方没有鼠兔，有鼠害的地方，就说明草生长的速度和质量不好，原因是鼠兔让土地和草根之间产生了间隙，草根不着地，无法吸收水分和营养生长。草原鼠害猛于虎，灭鼠势在必行。从20世纪80年代初开始，黄河源区就打响了灭鼠大战，并通过设置鹰架、弓箭射杀、投毒饵料等方式进行灭鼠，守护家园生态（图2-22）。治鼠害，并非要把鼠兔全部消灭掉，最重要的就是要把鼠害控制在合理范围内。一些专家学者通过研究和观察认为，鼠兔是青藏高原高寒草甸生态系统的关键物种，对于维持生态系统健康和生物多样性有重要作用。毒杀鼠兔不仅不能控制鼠兔数量，恢复草地生态，还会对高原生态系统造成二次伤害，降低生物多样性，使生态系统更加脆弱。下一步，还要更新观念，借鉴国内外好的经验，探索一些更能有效控制鼠害的办法。

图 2-22　生态灭鼠在源区展开

四、开矿淘金雪上加霜

杰克·伦敦在小说《野性的呼唤中》这样阐释：寂静的雪野对任何生命无时无刻都是一场最严峻的生死考验，它很严厉，毫不留情，但很公正。它对一切都铁石心肠，无动于衷；对于人的冒险行为既不帮助也不阻止。但只要稍微违反自然法则，就会统统受到最严厉的制裁。在源区，自然也正是这样无情地惩罚着人类。

玛多县境内有个金矿，淘金者一直开挖到1998年，将草山翻了个底朝天。价格年年上升的冬虫夏草，吸引上万人拿着刀具在一座座山上捣鼓，对自然进行掠夺性开采。人们大肆捕杀狐狸、老鹰等草原田鼠的天敌，狐狸、老鹰没了踪迹，鼠害迅速蔓延，逐渐成为破坏草场的"主力军"。在人类无序发展的进程中，盲目地、肆无忌惮地向自然攫取资源、消耗资源，导致人类正在慢慢地吞下自己种下的恶果。大规模无序探矿采矿使得成千上万年形成的冻土层被剥离，水源涵养功能减弱或消失殆尽，使地表大面积发生不可逆转的干旱化。粗放野蛮开采破坏的不仅仅是矿区，随之而来的还有周边的草场退化和地表荒漠化。加上不规范的开发建设、采药、挖沙以及对原生林木和植被的滥伐滥垦，使得源区草场日趋减少，本来就十分脆弱的生态环境日益恶化（图2-23和图2-24）。

图2-23 采挖冬虫夏草和建设取土对源区草地的破坏

图 2-24 黄河源水电站建设导致的土地裸露

第四节 守护源区谱新篇

一、生态移民休养生息

源区的牧民祖辈逐水草而居,游牧于黄河源头区域。进入 20 世纪 90 年代,由于过度放牧和全球气候变暖,自然生态急剧恶化,草场退化沙化,养育质量也在下降,沙漠化和黑土滩已不鲜见,导致牧民生活困难,不得不离开赖以生存多年的草场,告别了游牧生活。在离黄河源区最近的玛多县城东边二三千米的地方,有一片新建的砖房,整齐划一,在路边格外显眼。这是政府新盖的一个生态移民镇——玛多县玛查理镇,这是为保护源区生态环境而实施的第一个生态移民工程(图 2-25)。黄河源区退牧还草生态移民工程从 2007 年正式启动,牧民在国家的资助下全部搬迁到果洛州州府所在地的乡镇,以生态移民为主的治理保护工程实施后,使源区天然草场的压力得到减轻,草场植被覆盖率和草地生产能力开始恢复和提高,草地退化现象得到了初步遏制。

黄河源区有这样一群人,他们每天或骑马或徒步或骑摩托车穿行于千里的源区之中。他们不畏惧高寒缺氧、路途遥远,也不畏惧严寒酷暑、风雪交加,他们只有一个信念,那就是用自己的行动守护好清澈的黄河之水,确保"一江清水向东流"。他们就是生态

图 2-25　黄河源区玛多县玛查理镇生态移民（杜江　摄）

移民后由牧民转换身份的生态管护员，是守在生态保护战最前线的"排头兵"。在国家公园体制试点的基础上，黄河源区探索实施了"一户一岗"的生态管护公益岗位，万余名牧民主动参与到保护源区的行动中来，为黄河生态保护增添了力量（图 2-26）。黄河源头的牧民个个都是生态保护者，他们主动减少牲畜，主动保护草原上的野生动物。辛勤的付出换来丰硕的回报，相比以前，沙化土地上长出了绿草，黑土滩披上了绿衣。大家欣喜地发现，通过近几年的保护，家乡的草更绿了，水更清了。随着植被增加，黄河

图 2-26　黄河源区扎陵湖乡生态管护队（张龙　摄）

里的泥沙也少了。如今，依黄河而居的人们正在享受着一河清水的惠泽。

　　轮封轮牧是最经济的草原治理方式，也是最良好、稳妥的草地管理手段。我们所见到的所谓"原生草原"，实际都是在放牧压力下，草地与家畜协同进化的结果。世界上有不少试验和事实证明，如果在草原上把放牧根本铲除，所谓"原生草地"将迅速变样，或杂草丛生，或演替为另外的植被类型，我们要保护的"原生草地"将随着放牧的消失而不复存在。因此，只有现代化草地管理才出现"人管畜，畜管草"，草地家畜长期两旺的局面。从2003年起，黄河源区先后开展了围栏封育、轮封轮牧等一系列生态工程，这是我国首次在面积如此辽阔、生态系统如此脆弱复杂的区域开展人工生态治理（图2–27）。

图 2–27　黄河源区轮封轮牧让草原生态实现可持续发展（阿坝政府网）

二、招引天敌遏制鼠害

草原鼠类天敌较为丰富，其中鹰隼等猛禽占有十分重要的地位，是控制草原鼠害的一支"主力军"。充分利用鼠类天敌，进行草原生态控鼠，是实现源区生态治理和人与自然的协调发展及共存的现代理念，把草原害鼠数量控制在经济危害允许的水平之内，使草原鼠害防控朝着"有鼠无害"的方向发展。在通往玛多县的公路上，沿线排列着整齐的架子。这架子不是电线杆，而是招鹰架（图2-28）。自2008年实施鹰架招鹰项目以来，玛多县在全县400万亩土地上架设这样的招鹰架有6150架，招鹰架的筑巢率达到85%。一个招鹰架控制面积500亩左右，这让防治区域内的有效鼠洞由实施以前的每亩1500个减少到现在的60个。这种鼠虫害的防治方法被称作天敌灭鼠法。

国家电网有限公司自2016年起启动实施"生命鸟巢"项目，将传统电网维护中的防鸟、驱鸟转变为招鸟、引鸟、护鸟。在鸟类生存栖息较多的供电线路沿途搭建招鹰架和人工鸟

图 2-28　源区架立的招鹰架

图 2-29 国家电网安装的"生命鸟巢"

窝,引导鸟类在此停留筑巢、繁衍生息(图 2-29)。近六年时间,国家电网有限公司已累计在三江源地区安装人工鸟窝 4220 个、招鹰架 16 架,已经发现近 2300 个鸟窝有栖息筑巢的痕迹,成功引鸟筑巢 2000 余窝。根据专业机构的取样观测结果,依据目前的建设标准,每建设 1 个人工鸟巢,可在猛禽育雏期为周边区域提供 52 只左右的鼠兔或草原啮齿类动物的捕食强度,有效补齐、补强源区生态链薄弱环节,更好维护源区生态平衡。这些鸟类的存活,对鼠兔种群数量产生明显抑制作用,让草原鼠兔数量得以减少,从而减少了鼠兔对草原植被和土壤的破坏。

三、绿色发展低碳转型

春天的绚烂始于一颗种子的苏醒,2016 年习近平总书记考察青海时将绿色发展的种子撒在了这片雪域高原之上,如今绿色已成为发展图景的主色调,以星星之火造就了燎原之势。2020 年国家提出了"2030 碳达峰、2060 碳中和"目标,随后"双碳"被首次写入 2021 年《政府工作报告》中。自此之后,我国绿色低碳发展进入快车道,也开启了"碳中和"元年。

中国低碳进程与“双碳”推进策略

从 1988 年联合国政府间气候变化专门委员会成立至今，全球气候治理大致经历启动—博弈—共识—“双碳”四个阶段（图 2–30）。目前，虽然世界各国自主提交碳减排承诺，但是距离设定 1.5℃的温控目标的要求减排量相差甚远。

从 2000 年提出天然林保护开始，我国已经实施低碳发展 20 多年，涉及范围广泛、投入资金巨大，取得累累硕果（图 2–31、图 2–32）。2020 年 9 月，我国在第七十五届联合国大会上向全世界作出庄严承诺——“3060 双碳目标”，建立发展中国家减碳的中国模式，树立了大国担当的典范。2021 年我国首度将“碳中和”写入政府工作报告中，因此，2021 年也被称作中国的“碳中和”元年。同时，国家《“十四五”循环经济发展规划》正式出台，推进循环经济发展，构建绿色低碳循环经济体系，助力实现碳达峰、碳中和目标。

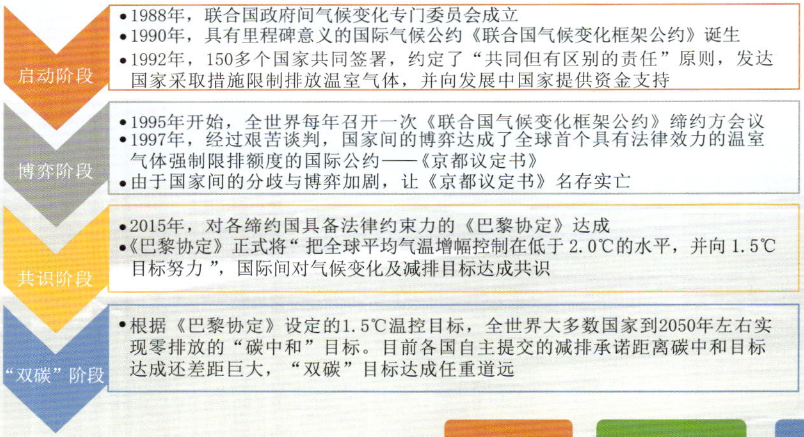

启动阶段
•1988年，联合国政府间气候变化专门委员会成立
•1990年，具有里程碑意义的国际气候公约《联合国气候变化框架公约》诞生
•1992年，150多个国家共同签署，约定了“共同但有区别的责任”原则，发达国家采取措施限制排放温室气体，并向发展中国家提供资金支持
博弈阶段
•1995年开始，全世界每年召开一次《联合国气候变化框架公约》缔约方会议
•1997年，经过艰苦谈判，国家间的博弈达成了全球首个具有法律效力的温室气体强制限排额度的国际公约——《京都议定书》
•由于国家间的分歧与博弈加剧，让《京都议定书》名存实亡
共识阶段
•2015年，对各缔约国具备法律约束力的《巴黎协定》达成
•《巴黎协定》正式将“把全球平均气温增幅控制在低于2.0℃的水平，并向1.5℃目标努力”，国际间对气候变化及减排目标达成共识
“双碳”阶段
•根据《巴黎协定》设定的1.5℃温控目标，全世界大多数国家到2050年左右实现零排放的“碳中和”目标。目前各国自主提交的减排承诺距离碳中和目标达成还差距巨大，“双碳”目标达成任重道远

图 2–30　全球气候治理的四个阶段

2000年
天然林保护
2001年
低碳建筑
2005年
循环经济
2006年
节能减排
2007年
气候政策
2009年
新能源汽车试点
2010年
低碳省市
2011年
低碳交通
2013年
碳交易
2015年
向联合国提交国家自主贡献文件
2016年
加入《巴黎协定》
2017年
启动全国性碳排放交易体系建设
2020年
双碳承诺
2021年
“十四五”规划
“碳中和”元年
2030年
碳达峰
2060年
碳中和

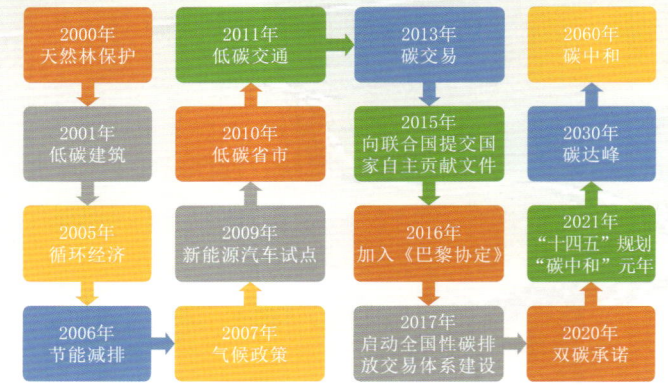

图 2–31　中国低碳发展历程

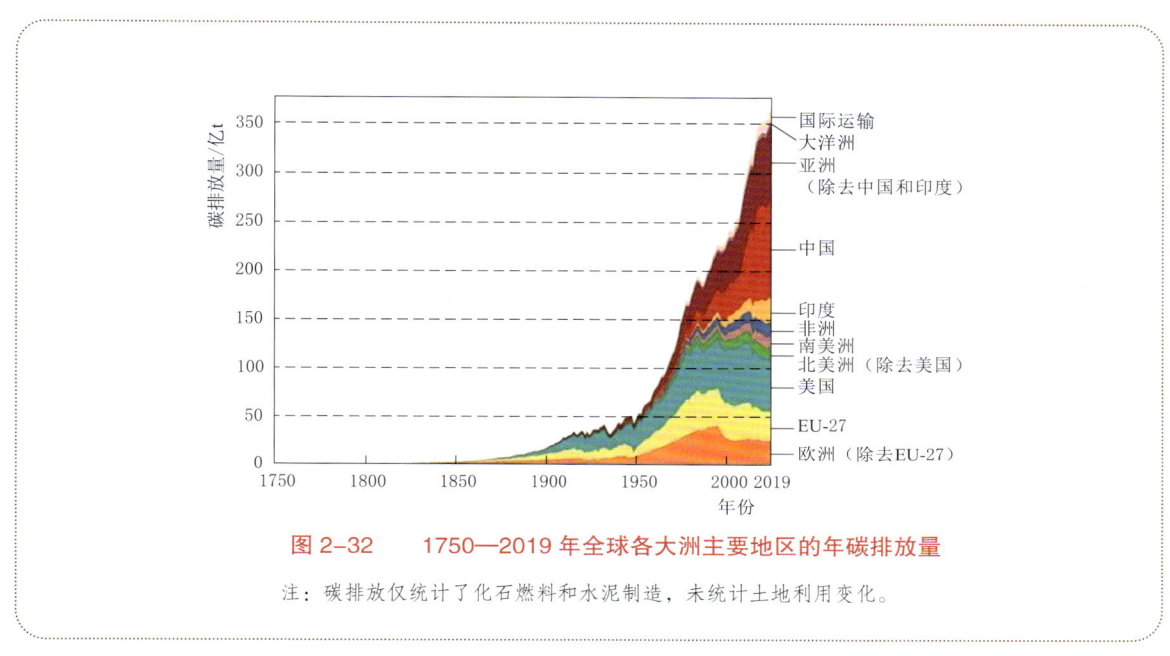

图 2-32　1750—2019 年全球各大洲主要地区的年碳排放量

注：碳排放仅统计了化石燃料和水泥制造，未统计土地利用变化。

脱碳之路"开源"重于"节流"，推进煤电行业清洁发展，提升风电和太阳能等可再生能源的利用率，促进以电代煤、以电代油，改变能源的消费结构，是减缓二氧化碳等温室气体排放的有效途径（图 2-33）。黄河源区年平均气温为 $-4℃$，当地牧民一年中有 11 个月需供暖。2008 年，自燃煤锅炉取暖投产以来，因燃煤锅炉产生的二氧化碳、二氧化

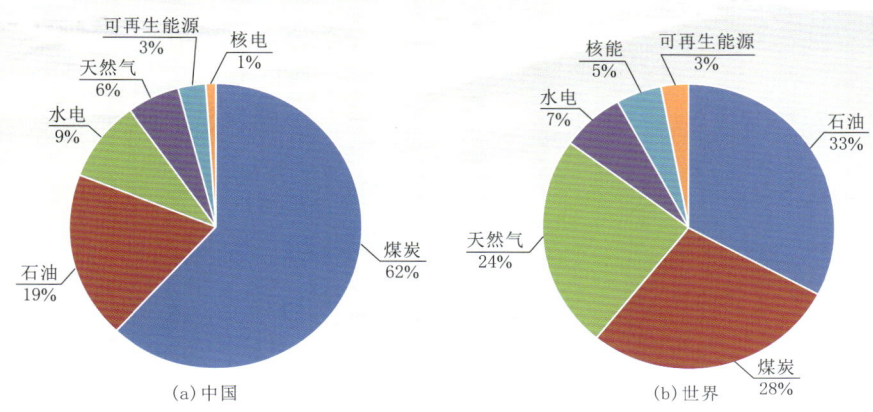

图 2-33　2019 年中国和世界能源消费结构对比

硫等温室气体、炉渣以及燃煤堆积料场在大风天气产生的大量灰尘，造成了一定程度的环境污染，所以也加速了源区的气候变化。2016—2018 年，国家电网有限公司先后在黄河源区建设了 10MW 和 4.4MW 的光伏电站，以助力"煤改电"清洁取暖项目的实施和减缓温室气体的排放（图 2-34）。据统计，清洁取暖项目投运后，理论每年可替代标准煤 27843t，减少碳粉排放 18933t、二氧化碳排放 69413t、二氧化硫排放 2088t、氮氧化物排放 974.5t，为扎实推进生态保护、形成绿色发展方式和生活方式起到积极的作用。

与此同时，光伏板将原本刮过的罡风困住，再加上工作人员定期对光伏板进行清洗和有意识地在园区种植碱草、固沙草、针茅和雪菊等植物，大大增加了土地的涵养水量。曾经干旱的沙质草原在短短几年时间里摇身一变，成为今日绿意盎然的草场。草场有效地固住了风沙，风速降低了 50%，蒸发量也降低 50% 以上，生态环境得到明显恢复。

四、战略重塑生态伊甸

世界上很难再找出这样一个地方，汇聚如此众多的名山大川；世界上很难再找出三条这样的大河，如此相近又血脉相连。这里是生命之源，文明之源，中华民族共同的源——

图 2-34　玛多县 4.4MW 扶贫光伏电站　（王国栋　摄）

三江源。2021年包含黄河源区的三江源国家公园建立，拉开了中国建立国家公园体制实践探索生态整体系统修复的序幕。

三江源国家公园

三江源国家公园地处青藏高原腹地，是长江、黄河、澜沧江的发源地，素有"中华水塔""高寒生物种质资源库"之称（图2-35）。拥有冰川雪山、高海拔湿地、荒漠戈壁、高寒草原草甸等高寒生态系统，是国家重要的生态安全屏障。三江源国家公园包含长江源园区、黄河源园区、澜沧江源园区三个园区，总面积12.31万 km^2，区域内有著名的昆仑山、巴颜喀拉山、唐古拉山等山脉，逶迤纵横，冰川耸立。平均海拔在4500m以上，雪原广袤，河流、沼泽与湖泊众多，面积大于$1km^2$的湖泊有167个。三江源国家公园内高山融雪与地下水汇集成河流，向更低的地方迸发，沿途滋生了湖泊、草原、湿地与森林，也养育了无数高原上独有的动植物，滋养着河流沿线的人民，草地、湿地、河流、湖泊、雪山、荒漠、冰川景观在这里都能看到。

图2-35 三江源国家公园地理位置图

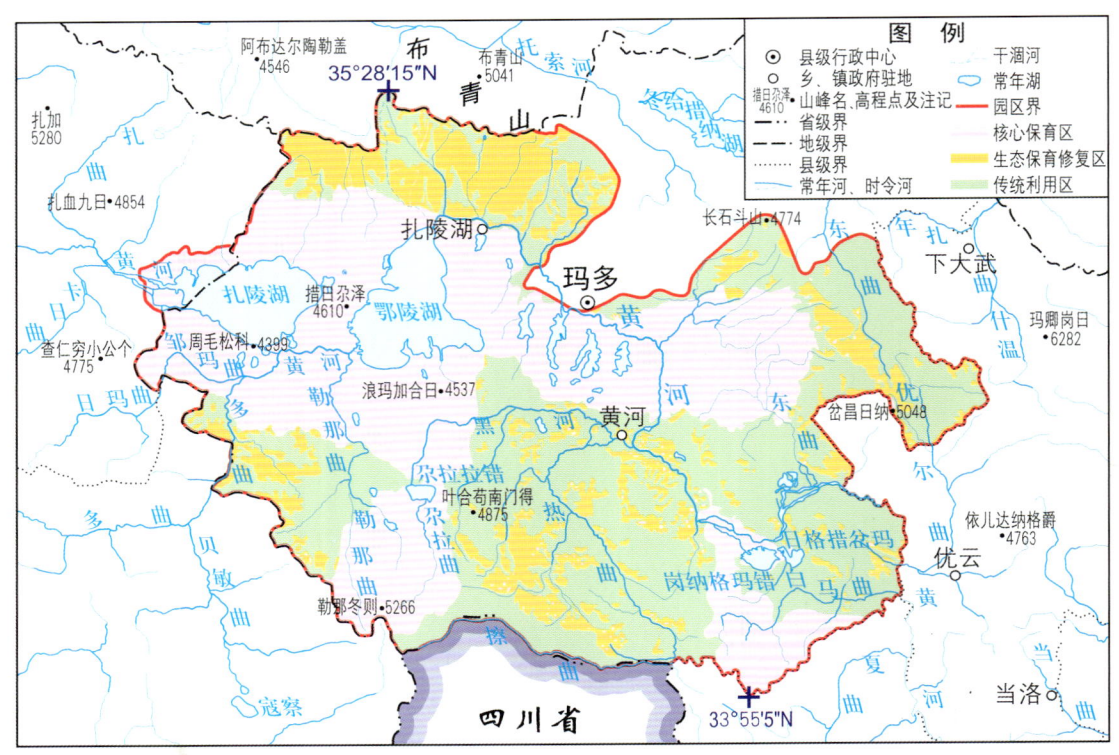

图 2-36 黄河源园区

　　黄河源园区主要包括扎陵湖—鄂陵湖和星星海 2 个保护分区，面积 1.91 万 km²，占玛多县总面积的 78.01%（图 2-36）。数据是最好的佐证，监测数据显示，自国家公园体制试点区建设以来，黄河源园区的核心区域大于 0.06km² 的湖泊从 261 个恢复到 5849 个，大小湖泊波光粼粼，犹如散落在苍茫高原的银色碎片，黄河源区"千湖奇观"重现世间。水源涵养量平均增幅 6% 以上，草地覆盖度提高 11% 以上，产草量提高 30% 以上。区域内黑颈鹤、斑头雁等鸟类以及藏野驴、藏原羚等种群数量不断增加，生物多样性得到保护，换来了绿草如茵、碧水蓝天的喜人景象。这一切都在说明，黄河源头的生态环境正在恢复，完美诠释了人与自然的和谐共生。

五、科技助力生态修复

　　科技为生态保护和高质量发展插上了翅膀，助力生态修复驶入快车道。"十三五"期间生态环境保护科技投入超 100 亿元，科技成果转化的成效明显。20 世纪 70 年代至今，中国科学院联合高校及科研院所先后开启了两次青藏高原综合科学考察和多次的三江源科学考察，聚焦水、生态、人类活动，着力解决资源环境承载力、灾害风险、绿色发展途径等方面的问题，取得了重大的科研突破，并建立了国家青藏高原科学数据中心等数据共享平台，为生态保护和高质量发展提供了决策依据。

黄河源区以生态大数据为支撑，建设了三江源生态大数据平台（图2-37）。在6997.45km^{2}范围内的39个牧委会采集植物样方、标本、土壤样本，对牧户进行入户调查，了解草场的利用情况与载畜情况，对当地生态退化情况进行调研，形成数据后上传到大数据平台，最后平台建成"生态一张图""生态修复"以及"畜牧业"模块，可以进行"精准、科学、前瞻"的生态修复指导。生态大数据平台是生态变迁的"收集器"，生态发展的"显示器"，生态治理的"指南针"，为精准生态修复提供更多助力，实现生态的智慧化管理。

生态变迁带给人类的挑战是现实的、严峻的、长远的，还一个清洁美丽的源区给子孙后代，需要当下以及以后数辈人的共同努力。最后用当地牧民的一句话来结束本章："我们一定要沿着祖辈走过的路，保护好源区这片净土。"

图2-37　三江源生态大数据平台系统界面

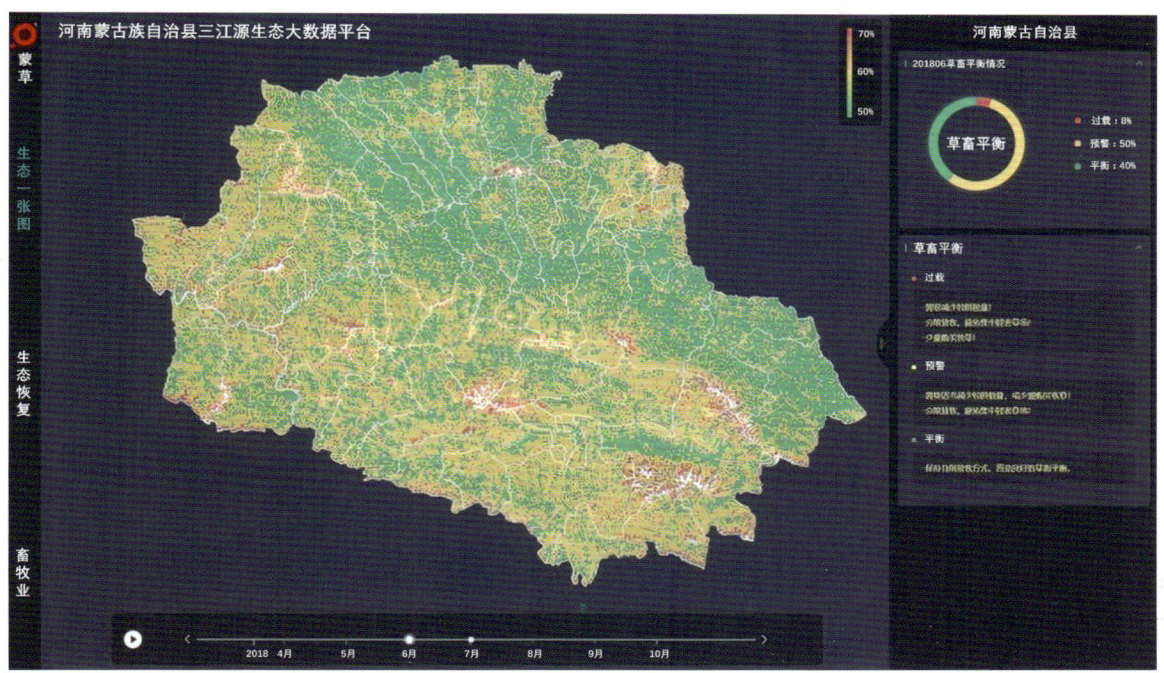

第三章 生态长城塞上渠

黄河自黑山峡小观音入宁夏境内，过青铜峡，至石嘴山三道坎出境；后入内蒙古乌海市，过包头、鄂尔多斯，从托克托出内蒙古，蜿蜒830余km，素称宁蒙河段。该河段是黄河九曲十八弯的最大一弯——"几"字形河弯，被形象地称为"河套地区"。河套地区分别由银川平原、巴彦淖尔平原和土默川平原组成，面积约25000km²。宁夏青铜峡至石嘴山之间的银川平原称"西套"；内蒙古自磴口至托克托之间的平原称"东套"，其中巴彦高勒与西山咀之间的巴彦淖尔平原称"后套"，包头、呼和浩特和喇嘛湾之间的土默川平原（即敕勒川）称"前套"。顺便指出，狭义的"河套平原"仅指后套平原，巴彦淖尔市位于其核心位置。

河套平原位于我国"两屏三带"的北方防沙带区域，植被稀疏，以草原、灌木、荒漠为主，生态环境脆弱。黄河的滋养，筑就了河套平原这座祖国北疆的生态屏障，孕育出宁蒙河谷这条千里沃野、鱼米飘香的绿色长廊。这里地势平坦，土质良好，自古灌溉渠系发达，不仅是宁夏与内蒙古重要的农业区和商品粮基地，也是我国重要的塞北粮仓（图3-1）。

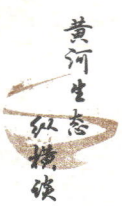

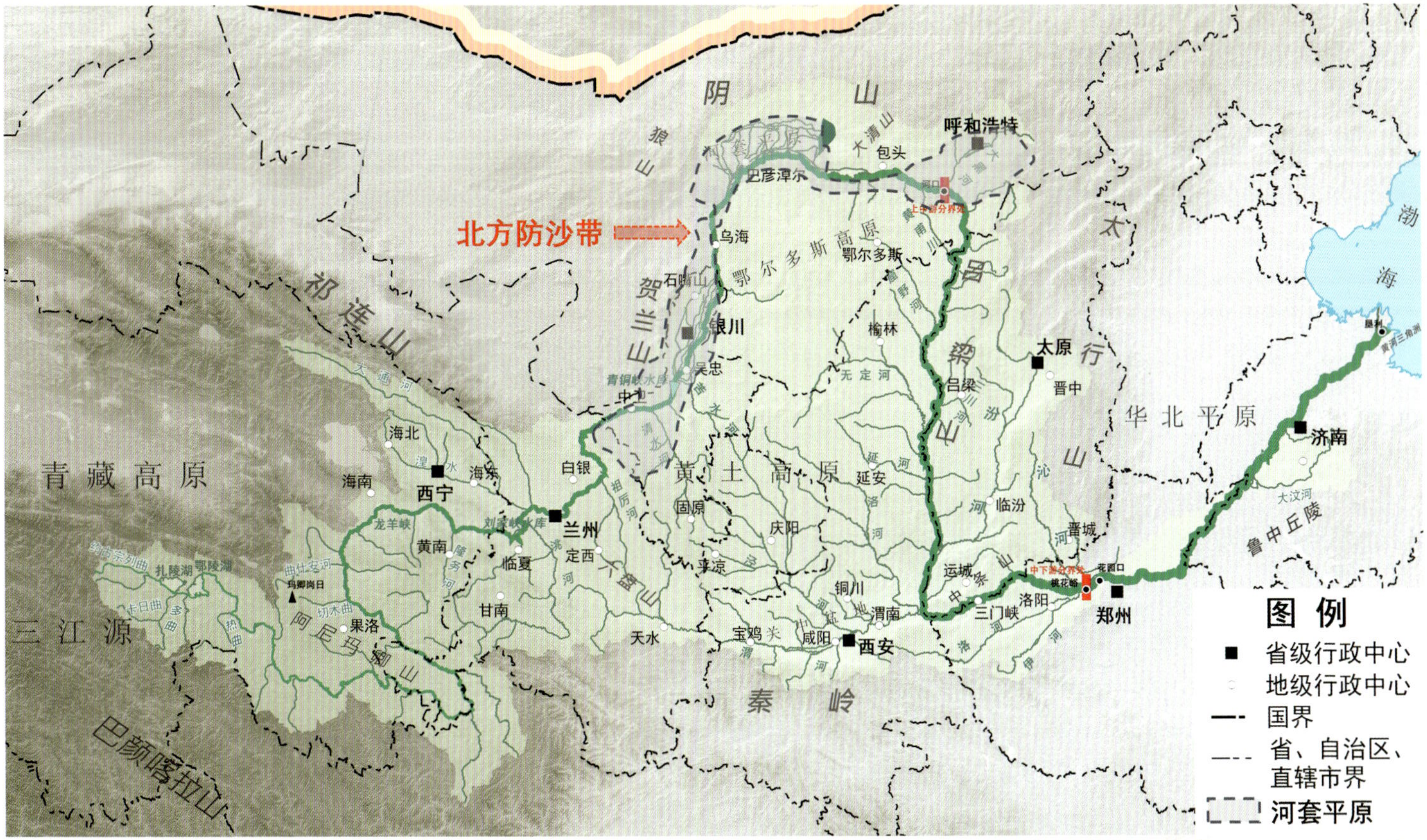
阴山
狼山
大青山
呼和浩特
包头
巴彦淖尔
北方防沙带
乌海
鄂尔多斯高原
鄂尔多斯
贺兰山
石嘴山
银川
吴忠
中卫
青铜峡水库
祁连山
榆林
太原
晋中
吕梁
吕梁山
太行山
华北平原
济南
大汶河
鲁中丘陵
渤海
海北
海南
西宁
海东
白银
兰州
黄土高原
延安
临汾
青藏高原
固原
庆阳
定西
平凉
临夏
黄南
龙羊峡
刘家峡水库
甘南
六盘山
天水
宝鸡
咸阳
西安
铜川
渭南
运城
三门峡
洛阳
晋城
郑州
花园口
桃花峪
秦岭
三江源
果洛
阿尼玛卿山
扎陵湖
鄂陵湖
巴颜喀拉山
图例
省级行政中心
地级行政中心
国界
省、自治区、直辖市界
河套平原

图 3-1 河套平原示意图

第一节　河套粮仓筑屏障

一、冲积平原厚植沃土

在河套平原，最初的黄河是随着西部地壳逐渐抬升，许多个内陆湖泊逐步缩小，形成若干水系，然后由西向东贯通而成。千万年来，黄河携带大量泥沙冲出青铜峡谷，在河套地区左右摆动，泥沙不断沉积，形成了"黄河百害，唯富一套"的河套平原。

自全新世（约11700年前）以来，河套平原就属于典型的寒旱地区，多年平均降雨量仅有160mm左右，远低于黄河流域、长江流域多年平均的438mm、1067mm。但是，有黄河地表水的滋养，加上该地区特殊的气候条件，河套平原盛产小麦、玉米、高粱、大豆、糜黍、胡麻、葵花、甜菜、瓜果等作物，一向是我国西北最主要的农业区（图3-2）。

图3-2　纵横阡陌的银川平原

河套灌区农业土壤以灌淤土为主，土层深厚，土壤肥沃，坡度适当。由于含有泥沙的黄河水长期引灌，加之人为施肥、耕种等旱耕熟化措施，使此灌淤土发展为农业土壤；种植者的生产活动不仅使土壤耕层加厚，同时也提高了土壤中有机质以及氮、磷、钾等养分含量。即便存在土壤盐渍化、土地沙漠化等问题，但在黄河水经年累月的灌溉及滋润下，也使得戈壁荒漠变良田，可谓冲积平原厚植沃土，成为我国西北地区农业的精华之地，素有"塞外米粮川"之誉。

二、渠织如网滋润田畴

黄河之水滋润浇灌出田畴似锦的河套平原。这里渠系纵横，密如蛛网，人工开挖而成的总干渠、总排干等七级灌排渠系，堪称"人工天河"。河套平原缘水而生、因水而兴。

图 3-3 河套灌区农田绿联（巴彦淖尔平原）

八百里河套平原，见证了游牧文明与农耕文明的交替变迁，承载着灌溉文明的发展历程。在这里，有两千多年灌溉史的宁夏引黄灌区，与都江堰、灵渠并称为华夏古地最早的三大水利工程；矗立着亚洲最大的"一首制"内蒙古黄河灌区，美名"万里黄河第一闸，河套源头三盛公"。放眼望去，宁蒙两大灌区使得河套平原渠道纵横，水田片片，"干—支—斗—农—毛"渠织如网滋润田畴。悠久厚重的引黄灌溉实践生成、演绎和承载着河套地区历史发展的进程，造就了"塞上江南"（图3-3）。

古老的引黄灌溉工程

黄河对宁夏的厚爱，使宁夏成为人类文明的发祥地之一。早在3万年前，黄河东边灵武水洞沟一带就有原始人群生活。古代关于黄河水患的神话、传说都与宁夏无关，倒是称为"岩石报章"的贺兰山岩画留下了北方古代少数民族繁衍生息、劳动创造的信息（图3-4）。宁夏平原地处游牧文明与农耕文明的交错带，灌区有2200多年的历史。据《史记》记载，这里原为羌戎游牧所居之地，秦始皇统一六国后，公元前215年在此建城置县，迁数万人至此垦殖守边，引黄灌溉农业初步开发。汉武帝时期为朔方郡，是防卫匈奴的边关重镇，多次迁他地平民至此屯垦，穿渠引河溉田得到普遍发展。清代，宁夏平原经过康熙、雍正、乾隆三朝对渠道的修浚与开凿，灌溉农业进入鼎盛时期，出现了"川辉原润千村聚，野绿禾青一望同"的盛景（图3-5）。

墨西哥城时间2017年10月10日，国际灌排委员会第68届执行理事会上，宁夏引黄古灌区被正式列入世界灌溉工程遗产名录。

图3-4　贺兰山岩画

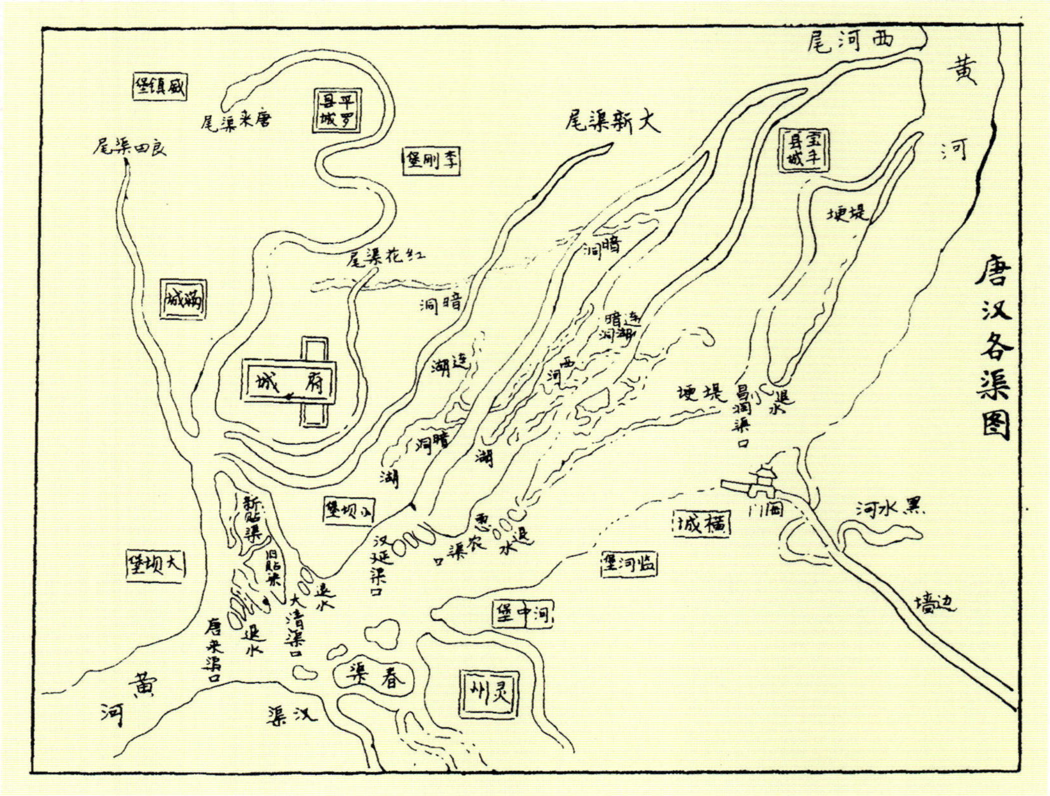

图 3-5 唐汉各渠图

宁夏引黄灌区

黄河在宁夏境内全长 397km，虽然不到其总长的 1/13，但作为沿黄 9 个省（自治区）中唯一全境属于黄河流域的省（自治区），宁夏近 90% 的水资源来自黄河，60% 的耕地用的是黄河水，78% 的人喝的是黄河水。

宁夏引黄灌区总灌溉面积为 828 万亩，灌区内干渠为 25 条，其中历史渠道 14 条，总长 1224km。秦渠、汉渠、唐徕渠，一条条以重要朝代命名的渠道沿用至今，见证着宁夏地区灌溉文明的延续与发展，造就了我国西北农业的经济核心区（图 3-6）。

宁夏引黄灌区分自流灌区和扬水灌区两大部分（图3-7）。自流灌区以青铜峡水利枢纽为界，将其分割为上游的卫宁灌区和下游的青铜峡灌区，灌溉水靠重力自流进入灌渠及水田；扬水灌区主要包括宁南山区的四大扬水工程，通过提水灌溉的方式经管道或渡槽等将黄河水提灌至山区高地。

卫宁平原自古就是黄河自流灌溉的肥腴之地，物产丰美的鱼米之乡，其间美利渠、七星渠、跃进渠等沟渠密布的狭长平原构成了卫宁灌区，渠河面积658km²。中卫市沙坡头区，是黄河流入卫宁平原的第一个县区。夹在黑山峡的黄河，河水丰沛，汪洋恣意，而咆哮粗野的黄河在这里却变得异常温柔，水势平缓，蜿蜒坦荡（图3-8）。

图3-6　宁夏平原渠织如网

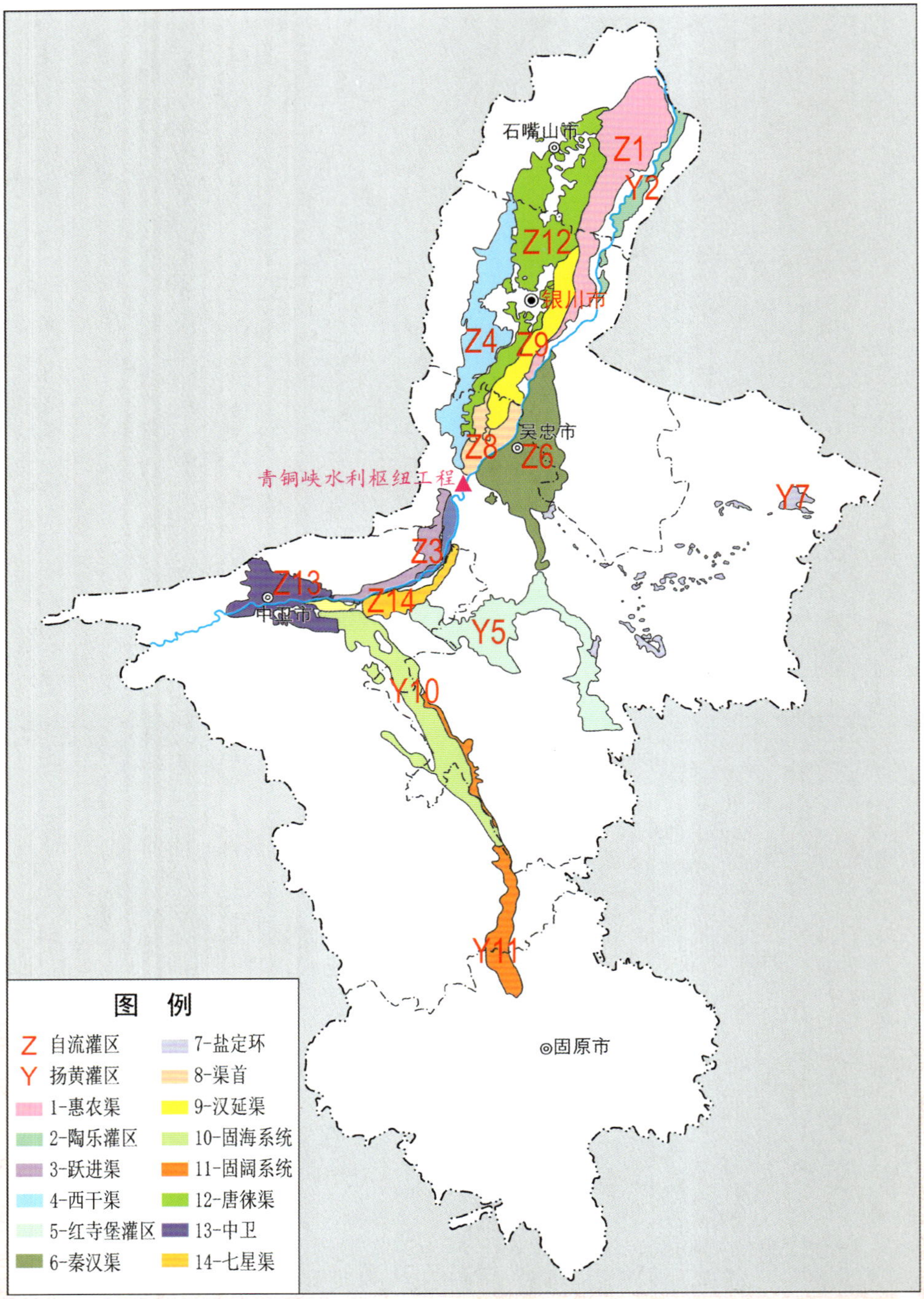

图 3-7 宁夏引黄灌区示意图

图 3-8 黄河流经宁夏中卫市沙坡头区（2021 年 3 月）

卫宁灌区原为多渠无坝引水，受制于黄河来水的丰枯不均以及河势的变化，灌区的灌溉保证率因此受到影响。2000 年国家实施西部大开发战略，黄河沙坡头水利枢纽被列为新开工建设的十大工程之一。工程设计控制灌溉面积为 5.85 万 hm^2，水库总库容 2600 万 m^3，总装机容量 12.04 万 kW，年发电量 6.06 亿 kW·h，年节水 1.66 亿 m^3。2004 年沙坡头水利枢纽竣工以后，结束了卫宁灌区两千多年来无坝引水的历史，卫宁灌区的灌溉、发电效益和当地生态环境质量得到综合提升。

沙坡头水库泥沙淤积

沙坡头水库设计总库容约 2600 万 m³，水库建成后于 2004 年 3 月下闸蓄水。由于水库入库沙量大、库容小，2004 年 11 月实测库容为 1837 万 m³，库容迅速损失 28.9%。水库的泥沙淤积问题对灌区的灌溉、发电、防洪等带来影响（图 3-9）。沙坡头水库的入库泥沙主要由暴雨洪水产生，由上游刘家峡水库的出库沙量及刘家峡—沙坡头坝址区间产沙量（主要来自祖厉河）组成。

2005 年，受宁夏河段侵占河道的限制，使坝址上、下游 4 座水库联合汛末调度拉沙的行动未能成功，9 月实测库容 1446 万 m³，又损失库容 15.1%。2006 年，水库虽全年持续高水位（1240.50m）运行，但汛期在入库含沙量较大的时段，水库均适度降低水位运行，首次成功冲库拉沙。库容由拉沙前的 1376 万 m³ 增至 1886 万 m³，库容得以明显恢复。2005—2008 年，水库淤积已处于相对平衡状态，库容保持在 1300 万 m³ 上下波动，水库左岸由于泥沙淤积形成了河道。

图 3-9　沙坡头库区冲淤形成的河道

卫宁灌区有五大干渠，其中七星渠最为耀眼。七星渠始建于汉武帝时期，距今已有2100多年的历史，原渠口在黄河右岸泉眼山下，因相传山下有泉七眼，形若列星，故名。七星渠在明、清、民国期间经历了多次渠闸坝的整修改建，中华人民共和国成立后，又经裁弯取直、渠道扩整、山洪治理、高干渠扩整、续建配套及节水改造等项目实施，现干渠长120.6km，是卫宁平原历史最久、规模最大、效益最好、社会影响最为显著的一条引黄自流干渠（图3-10）。

图3-10　七星渠进水闸（新旧对比）

七星渠地理位置特殊，东西横穿于宁夏卫宁平原和中部干旱带交界的重要节点上，承担着沙坡头区和中宁县以及红寺堡、固海扩灌、同心三大扬水灌区近187万亩农田的供水保障任务，是宁夏中部干旱带扬水灌区工程的命脉，使宁夏自流灌区与扬水灌区连为一体，被七星渠畔的人们称为"母亲渠"。2021年3—9月，七星渠在大流量、长时间运行的压力下，安全行水178天，累计引水量8.51亿m^3，供水量6.92亿m^3，其中扬水供水量占74.3%，成为全区打赢抗旱保灌攻坚战的重要力量。

跟随黄河的脚步，往下游延伸120km至青铜峡。中华人民共和国成立不久（1954年），黄河综合利用规划委员会编制了《黄河综合利用规划技术经济报告》，青铜峡水利枢纽工程被选入第一期开发项目。1968年青铜峡水利枢纽建成以后，结束了宁夏灌区两千多年无坝引水的历史，实现了九渠取水一首制，大大提高了渠道供水保证率，扩大了灌溉面积，

为西北电力工业和宁夏工农业发展、生态环境治理作出了历史性贡献，故有"天下黄河富宁夏，九渠魁首青铜峡"之说。

青铜峡灌区分河西、河东两大系统，渠首引水能力共达 $600m^3/s$。河西总干渠从坝下引水，下分西干、唐徕、惠农、汉延四大干渠；河东总干渠分高、低干渠，高干渠从坝上引水，低干渠由坝下引水，下接秦渠、汉渠。青铜峡下九大干渠，历史悠久（图 3-11）。

秦汉时期，凿渠引黄灌溉，农业始兴。秦渠（图 3-12）由最初的不到 10km 长，发展到现今 60km，渠口宽 35m，最大流量 $65m^3/s$，相比长 44.3km、渠口宽 30m 的汉渠（图 3-13）规模较大，秦汉两渠于 1977 年合并为一口。

图 3-11　青铜峡水利枢纽工程

图3-12 20世纪30年代秦渠渠口与现今秦渠

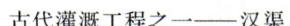

古代灌溉工程之一——汉渠

汉渠碑头

图3-13 1958年建设青铜峡水利枢纽工程前,位于青铜峡出口的汉渠进水闸

唐徕渠（图3-14）是银川平原河西灌区规模最大的引黄灌渠，最大流量为150m³/s，灌溉面积150万亩。其余干渠有秦渠、汉渠、汉延渠、大清渠（图3-15）、唐农渠、东干渠、西干渠、泰民渠，九大干渠纵横交织，造就鱼米飘香的"塞上江南"。

图3-14　20世纪50年代唐徕渠进水闸与现今唐徕渠进水闸（唐正闸）

图3-15　20世纪30年代的大清渠

青铜峡库区泥沙淤积

青铜峡水库设计库容为6.06亿m^3，1967年蓄水运用后库区立即开始淤积，1980年汛后，水库库容为4150万m^3，库容损失87%；至1998年水库库容仅剩2330万m^3，库容损失96.2%。库容的大量损失严重影响灌区的防洪和灌溉功能。

2000—2018年，水库主要依靠拉沙使水库冲淤平衡（图3-16），坝前左岸淤积体发展趋势缓慢，2018年11月实测库容为3874万m^3，占设计库容的6.39%。统计2006—2018年青铜峡水库干、支流逐年来沙情况，淤积量减少6277万m^3，除2006年、2007年、2008年、2012年减淤外，其余年份均为淤积年份。目前库容冲淤相对平衡，库容基本维持在3000万m^3以上。库区冲淤主要发生在坝前峡谷段，峡谷以上的川地库容已无法靠泥沙调度恢复。

图3-16　青铜峡水利枢纽工程在泄洪排沙

"蓝天白云映碧水，黄河湿地百鸟飞。"走进青铜峡库区湿地自然保护区，放眼望去，只见树影婆娑，芳草萋萋，水草飘舞，山水相映，宛如到了世外桃源（图3-17）。经黄河水30年的泥沙淤积，20世纪90年代的青铜峡水库区逐渐形成了宁夏最大的黄河滩涂湿地生态系统，还形成了多个湖泊和湖心岛屿百鸟滩。"湿地好不好，关键看水鸟。"鸟类是评判生态环境好坏的晴雨表，只有好的生态环境才能吸引鸟类停留、栖息、繁殖。

鸟岛是青铜峡水库内最大淤积岛屿，因为保护区内滩涂辽阔，饵料丰富，已经成为候鸟迁徙的主要集散地、取食地。宁夏境内出现的280多种鸟类，每年3月、4月及9月至10月下旬，多达180种候鸟在此停留，每到观鸟旺季，各种鸟类在芦苇荡中时隐时现，或是擦着水面飞过（图3-18）。

除了鸟儿栖息，旱柳、沙柳、灌木柳、刺槐等树种在库区湿地也有分布。保护区内还有湿地维管束植物240种，植物中水生植被占50%以上，湖泊、沼泽、水道、草甸广布，

图3-17 山水相映的青铜峡库区湿地自然保护区（祁瀛涛 摄）

图 3-18 水草丰美的库区鸟岛（钟培源 摄）

构成了丰富多彩的自然次生湿地生态景观，反映了库区湿地生态系统特征。"南有都江堰，北有青铜峡"，这座以贺兰山与牛首山相拥所形成的峡谷，在波涛汹涌的黄河冲刷下，反而形成了一道靓丽的风景。

宁夏的扬水灌区集中于宁南山区，近300万亩，包括宁夏固海、陕甘宁盐环定、红寺堡和固海扩灌四大扬水工程（图3-19）。扬水工程项目有效实施后，宁夏建成中小型水库268座，修筑淤地坝1112座，发展库井灌区近100万亩，治理水土流失1.4万 km^2。不仅使城乡生活、农业灌溉和工业化、城镇化快速发展用水得到有效保障，也为水生态环境建设作出了重要贡献。

同心扬水工程是宁夏第一个自己修建的引水工程。1973年的同心县平均亩产粮食4.1kg，海原县平均亩产5.2kg，可谓"人行百里不见水"。贫穷与缺水是过去宁夏西海固和中部干旱地区留给世人的印象（图3-20），那时候西海固的农民只有三条出路：一是在家领回销粮；二是外出讨饭；三是跑新疆。

同年，同心扬水流量 $5m^3/s$ 的方案经原水电部批准，6级扬水共建7座泵站，从七星

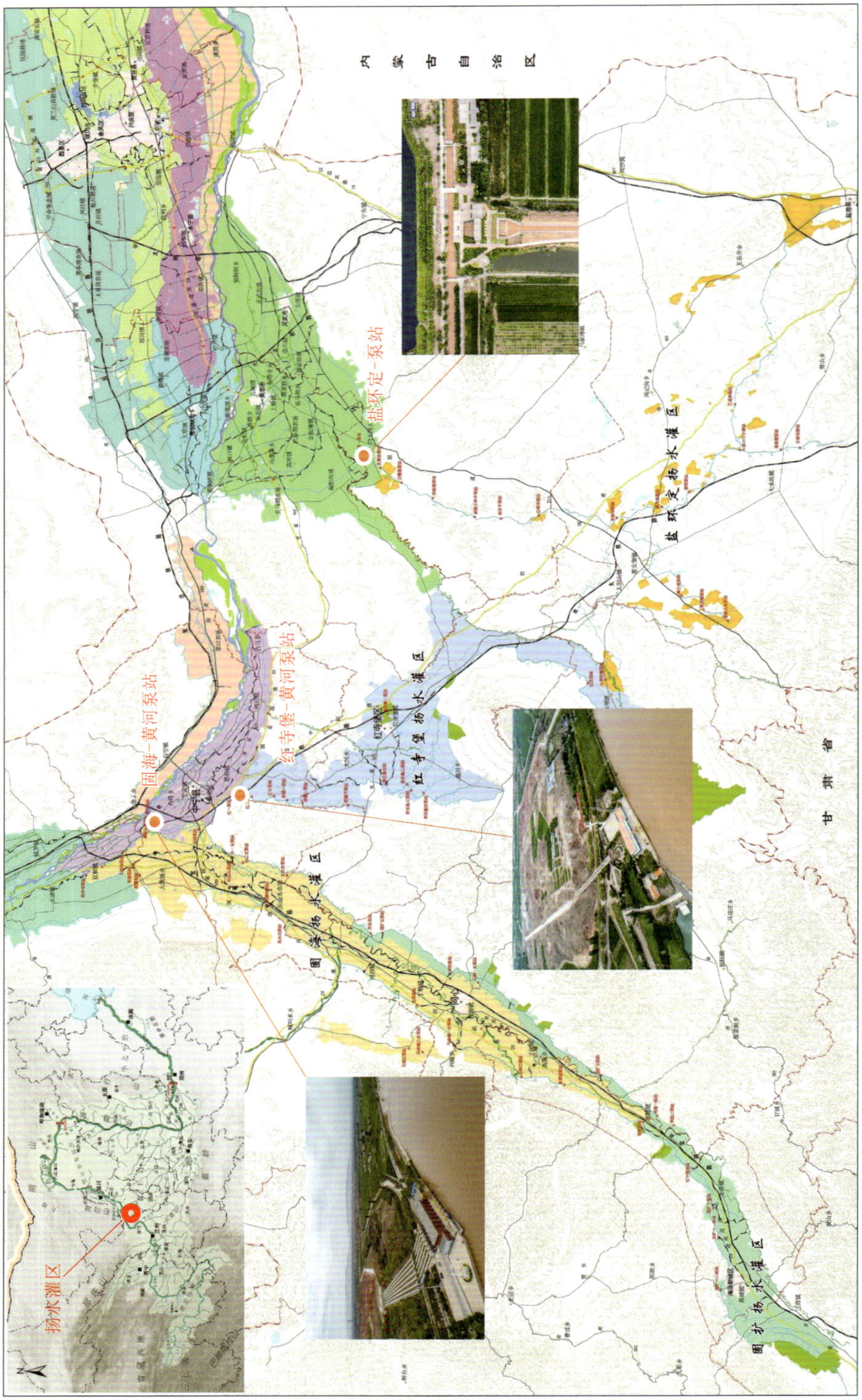

图 3-19 宁夏扬水工程示意图

图3-20 贫瘠干旱的宁南山区
（宁夏南部山区西海固）

图3-21 李识海总工程师（右二）奋战在
山区水利建设一线（1970年）

渠取水，投资2700万元。在时任宁夏水利厅总工程师的李识海同志的带领下，克服复杂地质条件，创新施工工艺，缩短工期，1978年5月8日，同心扬水工程竣工通水。渠水所到之处，川辉塬润，生机盎然，"东西处处人栽树，远近家家水灌田"。（图3-21）。

宁夏固海扬水工程由同心扬水工程、固海扬水工程和固海扩灌扬水工程三个系统组成，工程投运泵站29座，总扬程382.47m，年均引水量4.5亿 m^3。固海扬水灌区位于宁夏中南部清水河两岸，包括宁夏中南部3市6县，总设计灌溉面积82万亩，现状灌溉面积170余万亩。同时还解决了灌区及其周边山区60多万人口和30多万头家畜饮水问题（图3-22）。

红寺堡扬水工程是宁夏扶贫扬黄工程的重要组成部分，地跨吴忠市的红寺堡区、同心县、利通区和中卫市的中宁县4县（区），被誉为宁夏中部干旱带上的"生命工程"（图3-24）。红寺堡扬水工程共建设14座泵站，总装机容量14.59万kW，总扬程305.8m，干（支）渠总长149.67km。工程从黄河中宁泉眼山段水源泵站和高干渠取水，最远送水到同心县预旺镇。

1998年红寺堡扬水工程开工后，灌区土地开发，水、电、路等基础设施建设和移民

图 3-22　固海扬水遇山挖洞，遇沟架槽

固海扬水工程鸟瞰图

固海扬水工程春灌拉开序幕　　　　　　　固海扬水工程水到之处变绿洲

图 3-23　宁夏固海扬水工程

图 3-24 宁夏红寺堡扬水工程

搬迁等工作同步进行。截至 2019 年冬灌结束，工程累计引水 39.77 亿 m^3，灌溉面积发展到近 70 万亩，灌区人口增长到 29.8 万人。灌区粮食产量、农民纯收入、GDP 产值连续 20 年增长，扬水工程发挥了巨大的效益，被群众形象地誉为"生命工程"（图 3-25、图 3-26）。红寺堡扬水工程的建设，使得宁夏吴忠市红寺堡区从昔日的荒原变为全国最大的单体生态移民扶贫集中安置区（图 3-27）。

2018 年 4 月 8 日，位于宁夏中部干旱带的盐环定扬黄工程更新改造项目全线通水。更新改造后的盐环定扬黄工程，工程单位供水效率可从 70% 提高到 83% 以上，在不增加用水配额的情况下有效解决 50 万人的饮水困难问题，开发高效节水灌溉面积 44 万亩。

扬水工程的建成投运，使得宁南山区的生态环境得到了根本改善，大风扬沙日数明显减少，绿化及湖泊湿地从无到有，亘古荒原变成阡陌纵横、绿树成荫的人工生态绿洲，形

图3-25 解决用水产业旺

图3-26 村村通幸福水

图3-27 红寺堡扬水工程安置区

成了天蓝地绿、山清水秀、宜居宜业宜游的移民新灌区。

内蒙古河套灌区

奔腾不息的黄河带着对富饶宁夏的眷恋走进了内蒙古自治区，浩浩荡荡地在鄂尔多斯高原和乌兰布和沙漠中穿行。内蒙古河套灌区渠系纵横，密如蛛网，把黄河水输送到每一块土地（图3-28）。

内蒙古河套灌区（河套灌区）是亚洲最大的"一首制"自流灌区，第二次全国土地调

图 3-28 渠织如网的内蒙古河套灌区

第三章 生态长城塞上渠

111

查数据显示，河套灌区土地总面积 111.93 万 hm^2，其中耕地面积 70 万 hm^2。其灌溉面积在全球灌区面积中排名第 49 位；在全国灌区面积中排名第 3 位，仅次于四川都江堰灌区、安徽淠史杭灌区。河套灌区包含 5 个灌域，分别为沈乌灌域、解放闸灌域、永济灌域、义长灌域、乌拉特灌域。

河套灌区现有七级灌排渠（沟）道，共计 10.36 万条、6.5 万 km，各类建筑物 18.35 万座。河套灌区从黄河通过渠首和 1 条总干渠自西向东引水，同时通过 13 条干渠、48 条分干渠、339 条支渠和斗、农、毛渠将水输送到田间后，再通过 17322 条斗、农、毛沟，346 支沟、64 条分干沟、12 条干沟，汇入总排干沟和乌梁素海，最后退入黄河，形成一套完整的灌排体系。如此完善庞大的灌排体系，每年为河套灌区供应农业用水 43 亿 m^3，排水 6 亿 m^3，排盐 180 万 t，为河套农业增产、农民增收、农村发展提供了坚实的水资源支撑。

在八百里的河套平原上，巍然耸立着一座大型水利建筑，像一颗熠熠闪耀的璀璨明珠，镶嵌在河套的金色大地上，这便是"万里黄河第一闸"——三盛公水利枢纽（图 3-29）。100 多年前的河套灌区至少有"八首"，后来还发展为"十首"引水，存在"天旱引水难，水大流漫滩，耕地年年变，荒草长满田"的困扰。"一首制"就是一个口子引水，即在磴口县二十里柳子处修建"一首制"拦河坝，再开挖一条总干渠，将旧有干渠全部改接于总干渠上，统一由总干渠引水灌溉。

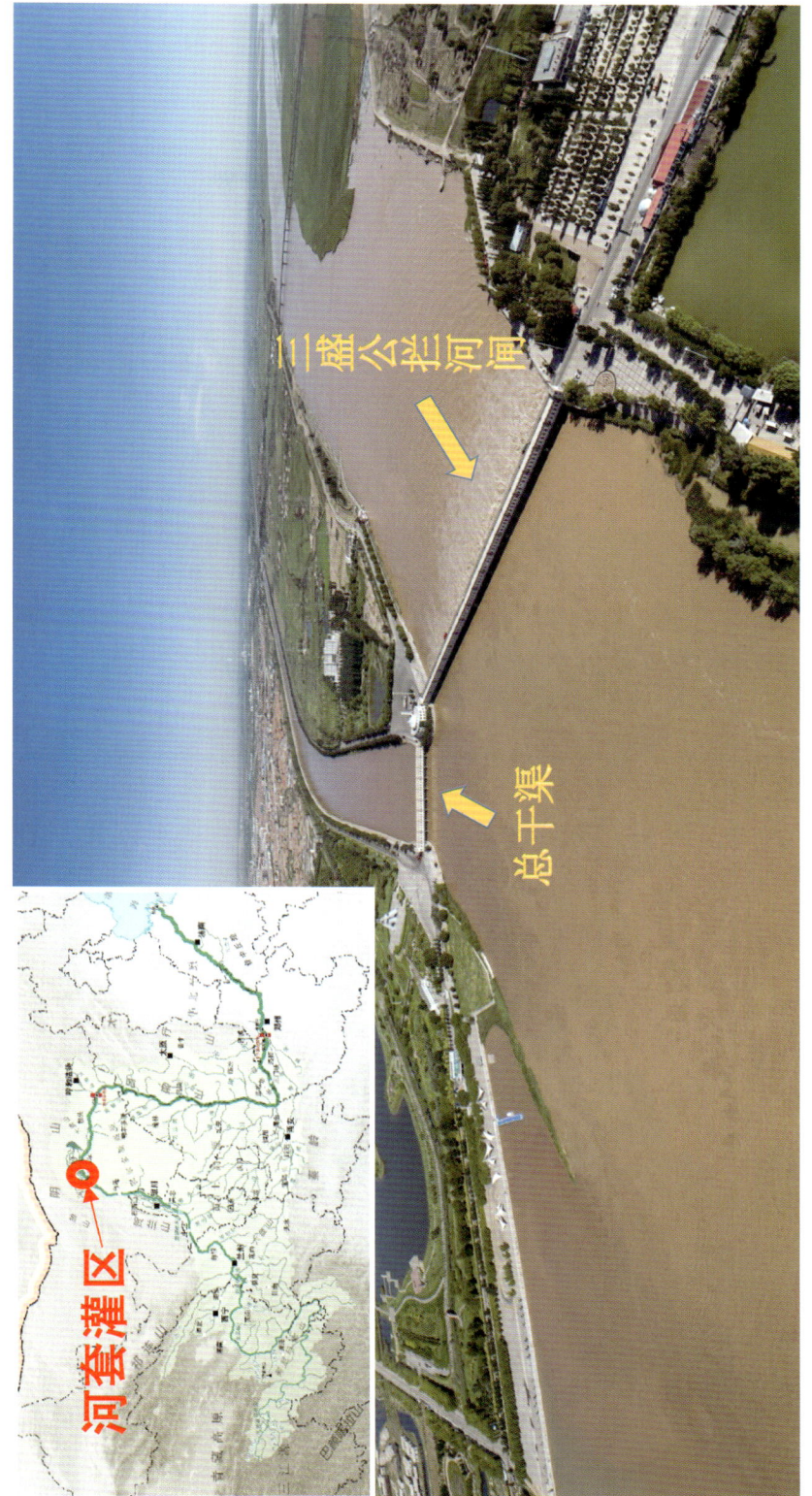

图 3-29 黄河三盛公水利枢纽（董保华 摄）

"一首制"的由来

自秦始皇时，便开始了内蒙古河套灌区的第一次大规模水利开发，后经汉、唐、宋、清不断开挖渠道，发展农垦，使河套成为渠道纵横、田畴相连、桑麻遍野的膏腴之地。清光绪二十六年（1900年），八大干渠相继浚通，灌溉面积达100万亩（图3-30）。但因黄河主河道常常摆动不定，很多渠口水位不够高，加之黄河冲淤淘凌严重，使得灌区存在"天旱引水难，水大流漫滩，耕地年年变，荒草长满田"的困扰。

为了解决河套灌区的引灌难题，自19世纪初至中华人民共和国成立之前，"灯烛测渠"的治水天才王同春、水利专家王文景、抗日名将傅作义以及斗志昂扬的河套儿女不断推进河套灌区的水利建设，为"一首制"的实现奠定了坚实的基础。中华人民共和国成立后，"五七"规划面世，正式推荐河套灌区实行"一首制"引水方案。三盛公水利枢纽工程于1958年开工建设，1961年兴建完成，结束了河套灌区无坝多口自流引水的历史。1967年6月，作为河套灌区输水大动脉的总干渠工程全线竣工通水（图3-31）。因此，河套灌区引水条件根本改善，每年引入黄河水50亿～60亿 m^3，灌溉面积逐年增加。1975年，总排干沟工程疏通完工，排水降盐，维持着灌区生产活力。

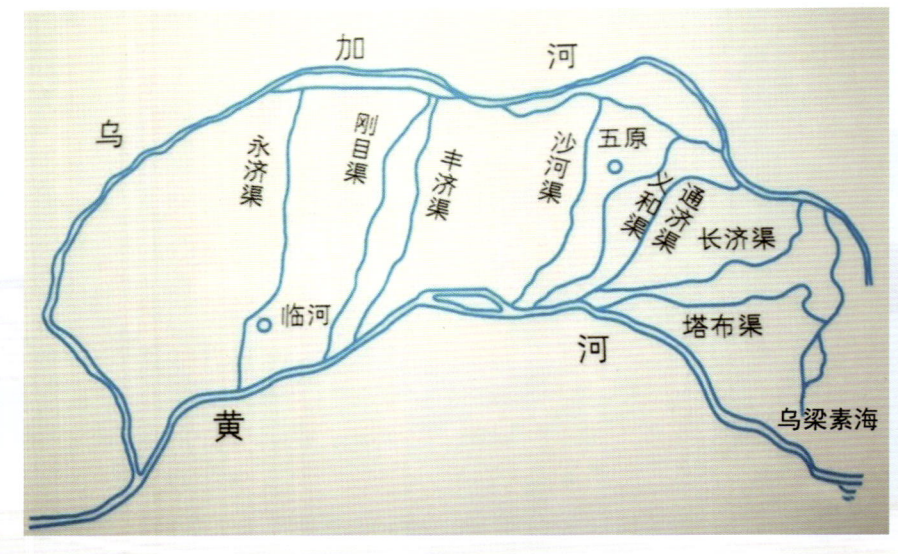

图3-30 晚清八大干渠示意图

图 3-31 河套总干渠分水枢纽

1958—1961 年，黄河三盛公水利枢纽工程兴建完成，230km 的输水总干渠开挖通水，从此结束了河套灌区无坝多口自流引水的历史，"一首制"引水梦想成真。后经引水工程、排水工程、灌排配套、节水改造等 4 次大规模水利建设，实现了从无坝引水到有坝引水、从有灌无排到灌排配套、从粗放灌溉到节水型社会建设三大历史跨越（图 3-32）。同时河套灌区灌溉面积逐年增加，迅速向特大型灌区迈进。

图 3-32 河套总干渠第四节制闸分水枢纽

根据河套灌区"十四五"续建配套与现代化改造规划，2025年，骨干灌排设施完好率将达90%以上，渠系水利用系数提高到0.538，农田灌溉水有效利用系数提高到0.454，骨干工程信息化覆盖率达到80%以上。

河套人的水利精神

中华人民共和国成立以后的60多年中，河套灌区先后掀起了4次大规模的建设、改造、扩建、配套。其中1958—1967年，有10多万人次参加劳动，人挖、肩挑累计完成土方1408万m³，历时10年，河套人民建设完成了三盛公水利枢纽工程和总干渠工程；1965—1975年，河套人民开挖全长248km的总排干沟，15万人日夜奋战，完成全部工程土方1150多万m³。河套灌区现有七级灌排渠（沟）道，共计10.36万条、6.5万km，各类建筑物18.35万座。这些纵横阡陌、密如蛛网的渠沟连接起来可以绕赤道1圈之多。三盛公水利枢纽是万里黄河上唯一的大型闸坝工程，被誉为"万里黄河第一闸"。

图3-33 黄河三盛公水利枢纽施工现场

水利精神是人类在兴水利、除水害的过程中所创造的精神财富的总和。三盛公水利枢纽工程的设想、规划、建造的一系列过程充满了艰辛曲折，是一场改造山河、艰苦卓绝的壮举（图3-33）。"敢想敢干，苦干实干，干成干好"的治水精神，成为河套水利人精神的真实写照。2019年9月，内蒙古河套灌区入选世界灌溉工程遗产，成为世界水利史书上凝聚血汗与坚韧的浓墨重彩一页。

三、气候独特物产丰富

巍巍贺兰山绵亘西北,红色六盘山雄踞南陲,滔滔黄河水九曲迂回,独特的气候条件孕育了美丽富饶的宁夏平原,造就了稻香鱼肥、瓜果飘香的"塞上江南"。宁夏枸杞、香山硒砂瓜、永宁红提葡萄、灵武长枣、盐池滩羊肉、宁夏珍珠米……物产丰富,应有尽有。

宁夏枸杞是唯一被载入中华药典的优质品种,《本草纲目》将宁夏枸杞列为本经上品,称"全国入药杞子,皆宁产也",意为宁夏枸杞从药效和营养价值上讲居国内前列,品质超群(图3-34)。至2025年,宁夏枸杞规划种植70万亩,枸杞芽茶、枸杞原浆、枸杞糕点、枸杞中药饮片、枸杞护肤品等深精加工进一步提升了枸杞产业链附加值。

中卫香山压砂西瓜因采用压砂栽培技术而得名,因富含健康元素"硒",又称"香山硒砂瓜"(图3-35)。因香山地区特殊的降水、光照、温差、土壤等条件,所产的西瓜品质卓越且耐储运,畅销国内外市场。作为古丝绸之路必经之地,贺兰山东麓葡萄酒产区位于北纬37°~39°;这里日照充足,年降水量低,季节气温差异大,空气湿度低,使得宁夏葡萄酒拥有典型的东方风情,口感甜美柔顺且平衡,2019年入选"世界十大最具潜力葡萄酒旅游产区"(图3-36)。

图3-34 宁夏枸杞

图3-35 香山硒砂瓜

图3-36 贺兰山东麓葡萄产区

宁夏位于养殖产业的"黄金地带"。六盘山区的地理位置、水源、气候构成了得天独厚的肉牛养殖条件,被国际粮农组织认定为最适宜发展肉牛养殖区域之一;盐池滩羊肉因盐池县特殊的生长环境,肉质细嫩,不膻不腥,是公认的优质羊肉;二者均是G20峰会、金砖五国峰会等重大外交活动的指定食材。宁夏地处黄金奶源带,鲜奶乳脂率、乳蛋白率优于欧盟标准,已形成良种繁育、精深加工等高附加值产业链(图3-37)。

巴彦淖尔平原因水、土、光热条件的完美组合,被中国气象局认证为"黄金农业种植带"。河套小麦、河套向日葵、河套番茄、河套肉苁蓉、黑柳子白梨脆甜瓜、巴彦淖尔羊肉等名优特产遍布其中,品类众多(图3-38)。

巴彦淖尔是国家和内蒙古自治区重要的优质商品粮、油生产基地,全国最大的葵花籽、脱水菜生产基地,全国第二大番茄种植加工基地,也是全国地级市中唯一四季均衡出栏肉羊的养殖加工基地。

图 3-37　宁夏奶牛产业

图 3-38　河套向日葵和河套番茄

河套小麦被誉为"五项全能"冠军小麦，巴彦淖尔被公认为世界三大优质小麦产地之一；河套番茄的番茄红素含量是国内其他产地的 3～5 倍；河套生产的向日葵，不但产量位居国内首位，而且葵花籽籽粒大、饱满度好、籽粒均匀一致……巴彦淖尔的优质农畜产品每年出口到全球 80 多个国家和地区，出口额连续 11 年居内蒙古自治区首位。随着河套地区农业的崛起，产业结构的不断升级，让农业发展有了新路径，更多"名优特"农畜产品走出河套，走出中国，河套地区百姓的生活也越来越好。

四、粮仓丰廪构筑屏障

河套地区位于"两屏三带"中的北方防沙带，为了抵御风沙侵袭，提高自然生态系统质量和稳定性，防护林的建设成为必不可少的手段。防护林在不同的地理环境中的生态功能不同，主要包括防风固沙、涵养水源、保持水土等作用。河套地区的防护林类型主要为农田防护林。农田防护林是农田生态系统的屏障，一般呈网带状分布，借助林网、林带的阻隔，可以起到减弱风力的作用，保护农作物免受风沙侵害。防护林通常采用乔、灌、草结合的方式在农田生态系统外围形成三道保护防线，最外层是由草和灌木组成的第一道防线，中间则是灌木和乔木组成的第二道防线，绿洲内部则是通过乔木林网组成的第三道防线，三道防线层层嵌套，庇护农田、牧场、公路和村镇（图 3-39）。

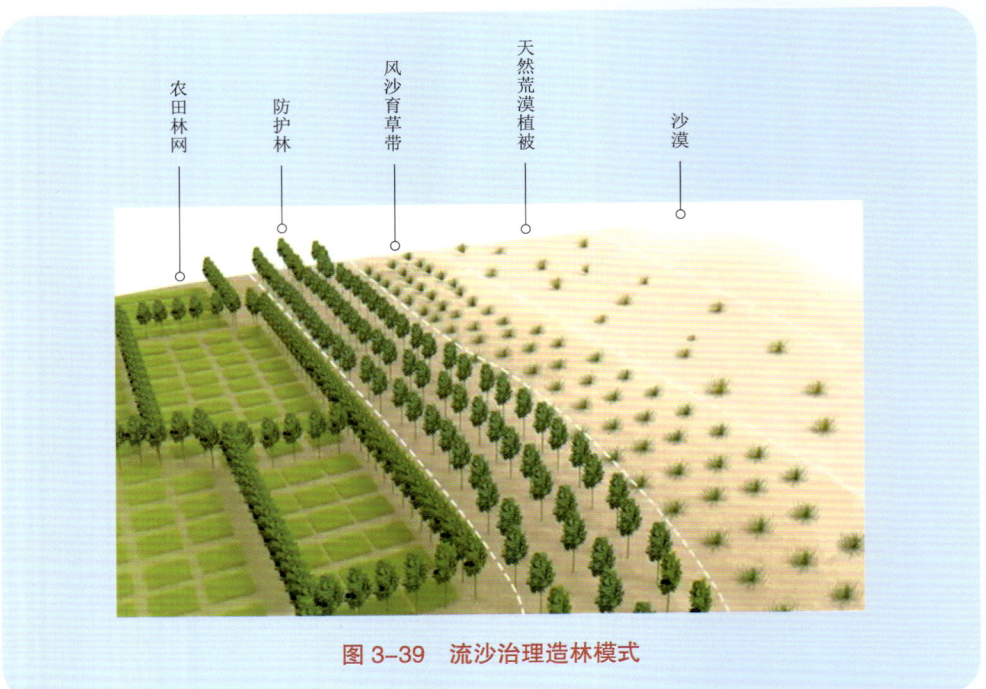

图 3-39 流沙治理造林模式

（农田林网、防护林、风沙育草带、天然荒漠植被、沙漠）

萨拉乌苏遗址的生态保护

萨拉乌苏，蒙语的意思是黄色的水。在鄂尔多斯高原最南端的萨拉乌苏河流域（今乌审旗河南乡境内），曾经生活着大名鼎鼎的"河套人"，是古老而灿烂的鄂尔多斯文明的发祥地。1923年，法国地质学家桑志华、德日进在萨拉乌苏发现一枚旧石器时代幼童牙齿，打破了西方学术界"亚洲没有旧石器时代"的疑断。萨拉乌苏被认定为我国境内最早发现的旧石器时代遗存，"河套人"的发现，填补了中国旧石器时代考古的空白，掀开了中国古人类研究的帷幕。

萨拉乌苏遗址位于毛乌素沙地，曾经黄沙漫漫，荒凉一片，生态环境极其恶劣。毛乌素沙地经过多年治理，已实现从过去"三翻五种，十年九不收"的沙化耕地，变成了稳产高产的基本农田。今后通过更好的治理技术和模式，引进新的优良树种，提高林分质量，使防护林提质增效，让脆弱的生态系统稳定下来；同时不断创新技术模式，将毛乌素沙地现有的以灌草为主的植被，改造成为乔灌草相结合、针阔混交的稳定林分（图3-40）。

图 3-40　萨拉乌苏遗址造林治沙前后对比

农田生态系统是依靠自然环境提供的光、热、土壤资源，加上人为选择作物等人工调控手段而组成的一个开放式生态系统。河套灌区有着独特的春灌、夏灌和秋浇制度，为维系河套灌区生态平衡发挥了重要作用。这种独特的灌溉制度，一方面将近 1/3 的农田灌溉用水回补灌区地下水资源，维系灌区地下水量和水位平衡，保障灌区作物和植被生长；另一方面发挥淋盐压碱作用，将土壤中的盐分溶解于水，并通过排水将盐分排出，使河套灌区始终处于轻度脱盐状态。

灌区的生态平衡，对于巩固北方防沙带生态系统的稳定性具有重要作用，对于阻止乌兰布和沙漠向东侵蚀、改善地区气候、减轻沙尘暴威胁发挥着重要的生态安全屏障作用。

第二节　塞上江南生态殇

一、风沙侵蚀袭夺良田

腾格里沙漠、乌兰布和沙漠、库布齐沙漠汇聚于河套平原，滚滚黄沙肆意侵袭，大风骤起时仿佛能够吞噬世间一切（图 3-41）。对河套平原威胁最大的当属乌兰布和沙漠，而三面环沙的磴口县首当其冲。由于冬季风沙较大，加之防护林体系建设未形成规模，每年产生风沙的频率较高。漫天风沙刮起来天昏地暗，寸步难行，稍不注意就会被刮到黄河里。历史上，磴口县曾有 68.3% 的面积被风沙掩盖，曾经每年将 7000 多万 t 黄沙输入黄河（图 3-42）。

有地质学家曾提出，阴山的不断长高、乌兰布和沙漠的东侵，是导致黄河河道迁移最为重要的两大因素，而磴口县便处在三大地貌单元的交汇处。自晚清以来，由于滥垦、乱伐和过度放牧，导致流沙向东侵进，风沙危害日益加重。据资料记载，中华人民共和国成立前，这里的人因风沙灾害而流离失所、背井离乡，常住人口只有 1.8 万人。中华人民共和国成立初期，全县有 625 万亩土地，沙漠就占去了 425 万亩，除去 145 万亩的山地外，树林只有 1.5 万亩。至 20 世纪 70 年代，多处村庄被流沙埋没，年年都有沙埋农田，风沙也侵袭了水利工程与交通道路。80 年代中期，乌兰布和沙漠平均每年以 7～10m 的速度向东扩张，严重威胁着河套灌区的农业生产。

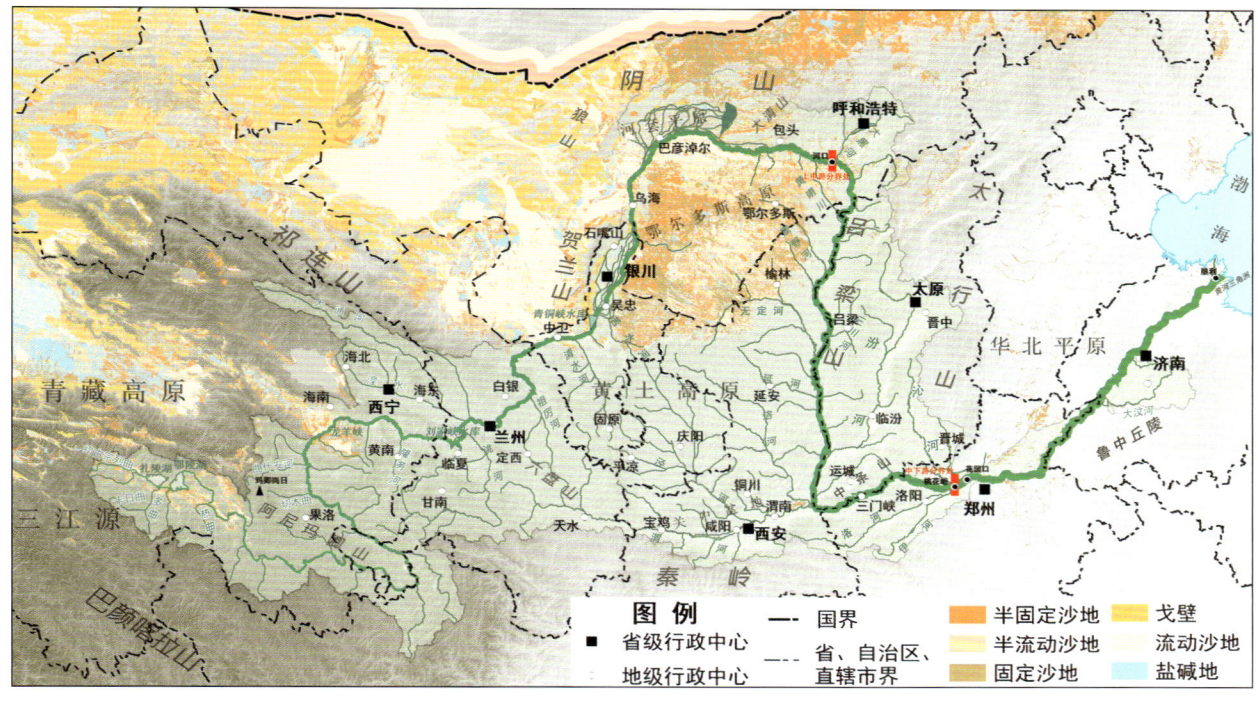

图 3-41 黄河流域沙漠分布图

图 3-42 昔日风沙侵袭的磴口县（2011 年 5 月）

二、盐碱泛起土贫粮减

我国是世界上盐碱土分布最多的国家之一，约占世界盐碱土面积的 10%。我国盐碱耕地主要分布在黄淮海平原、东北平原西部、河套灌区以及西北内陆等干旱半干旱地区，其中隶属于河套灌区的宁夏引黄灌区、内蒙古河套灌区受盐渍化影响的耕地面积与总耕地面积占比曾高达 50%。

在中华人民共和国成立后的 50 年里，内蒙古河套灌区的灌溉面积不断增加，盐碱地的占比呈现了先升后降的趋势（图 3-43）。1970 年，内蒙古河套灌区灌溉面积近 600 万亩，其中盐碱地占比超过 50%。"地难种、产量低、品质差……"，盐碱土质严重威胁着河套灌区的农业生产，成为制约当地农业增产的瓶颈。灌区水利枢纽工程虽然解决了引水问题，排水降盐又成为另一难题，灌排体系未形成之前，农田盐碱化导致粮食减产等问题一直存在。

内蒙古河套灌区在 1950—2020 年间共经历了四次大规模水利建设。20 世纪 50—60 年代初为第一次大规模水利建设——保灌工程建设，1961 年三盛公水利枢纽建成，灌区从此为有坝引水；60 年代初至 70 年代末完成第二次大规模水利建设——排水骨干工程建

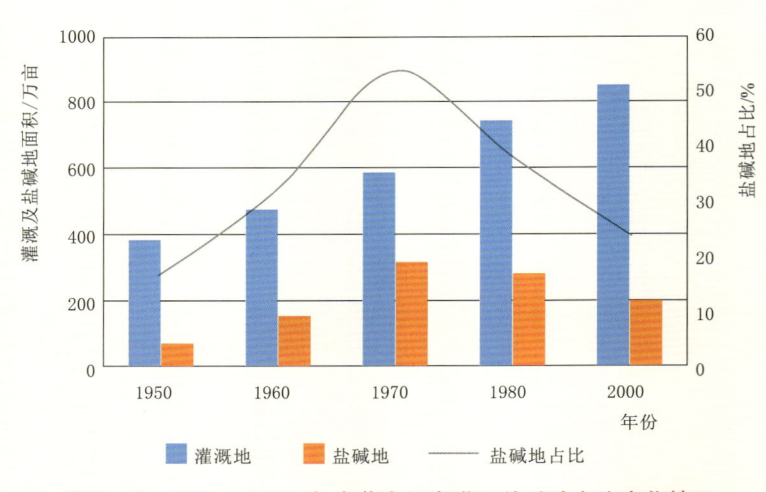

图 3-43　1950—2000 年内蒙古河套灌区盐碱地占比变化情况

设，灌区的灌排体系从此初步形成，在此期间土壤盐碱地占比最高达 54%；从 1981 年打通总排干沟，经乌梁素海至黄河的出口起，灌区打通了排水出口后才进入灌排逐渐配套的新阶段，土壤盐碱化明显有所抑制；第三、第四次大规模水利建设分别为 80 年代末至 1995 年进行灌排配套和田间配套工程建设、1998—2006 年期间开展配套与节水改造工程建设，虽降低了土地盐碱化程度，但盐碱地问题并未得到根本解决。

近些年来，随着灌排技术的进一步提升，化肥及农药的合理使用等综合治理方式的开展，盐碱地问题正在逐步改善（图 3-44）。

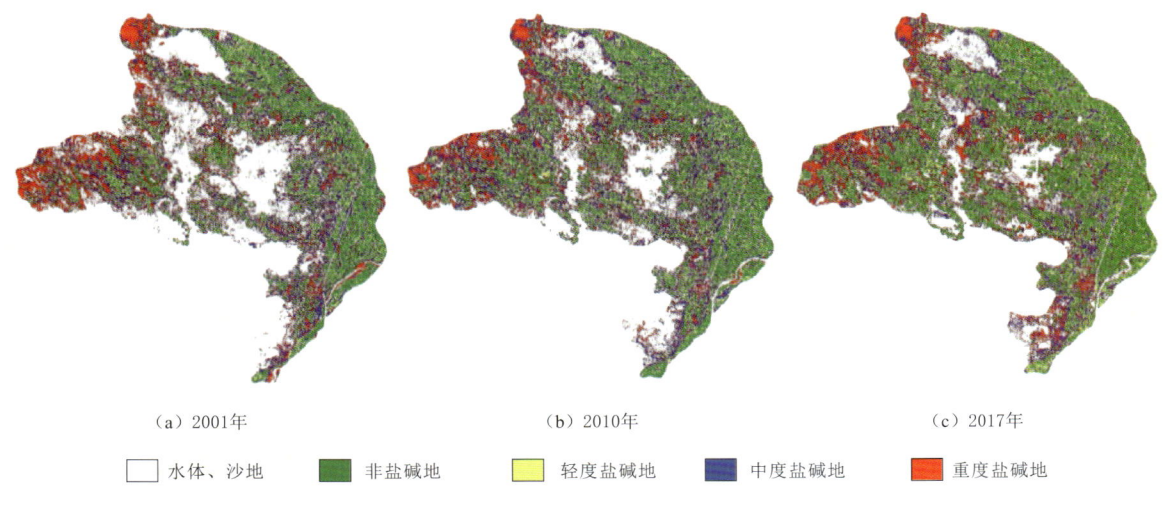

(a) 2001年　　　　　　(b) 2010年　　　　　　(c) 2017年

☐ 水体、沙地　　■ 非盐碱地　　■ 轻度盐碱地　　■ 中度盐碱地　　■ 重度盐碱地

图 3-44　河套灌区盐碱化遥感监测

三、粗放农业面源污染

在农田耕作过程中，不科学、不合理使用化学肥料和使用杀虫剂、除草剂、增效剂等，使得农田面源污染问题日益突出，对生态环境产生了严重破坏。农田面源污染的类型有化肥污染、农药污染、农用地膜污染、秸秆污染等。

1840 年，德国科学家李比希提出的"矿质营养学说"为化肥工业的兴起奠定了基础。

1843年，第一种化学肥料——过磷酸钙在英国诞生，此后近一个半世纪，全世界生产和使用了数十种植物必需营养元素化肥。我国于1901年开始使用化肥，台湾省从日本引进了肥田粉（氮肥）用在甘蔗田里。农田氮、磷等营养物质的损失是目前日益严重的面源污染原因之一（图3-45）。

图3-45 过量使用化肥导致土壤板结硬化

内蒙古河套灌区从20世纪60年代开始使用化肥，在此之前主要以农家肥和有机肥为主。随着化肥农药的普遍使用，灌区的化肥施用量从1966年的2065t到2002年的59万t，增长280倍；2002年的化肥亩均施用量超过了70kg，远远高于全国平均23.5kg的水平（图3-46）。30多年来，虽然化肥的施用量迅速增加，但化肥的利用率却增长缓慢；同时灌区地表水（总排干及支渠排干）与地下水的总氮、总磷也普遍超标。大量的化肥随着灌溉水进入土壤和地下水，最后通过排干进入地表水，造成河流和湖泊的污染。2020年该区域化肥施用量仍高达1050kg/hm^2，远远高于352kg/hm^{2}的全国平均水平，氮肥的过量施用尤为严重，达到340kg/hm^2，远高于我国小麦氮肥169kg/hm^{2}的推荐用量，而大多数农户没有施用钾肥的习惯，化肥的过量和不合理施用严重威胁着当地小麦的生产。

农药的使用可追溯到公元前1000多年。在古希腊，已有用硫磺熏蒸害虫及防病的记录，中国也在公元前7至公元5世纪用莽草、蠡碳灰、牧鞠等灭杀害虫。天然药物时代（约19世纪70年代以前）、无机合成农药时代（自19世纪70年代至20世纪40年代中

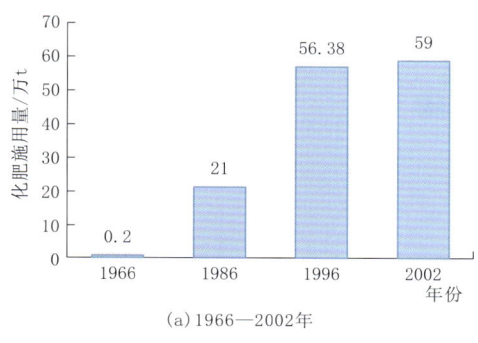
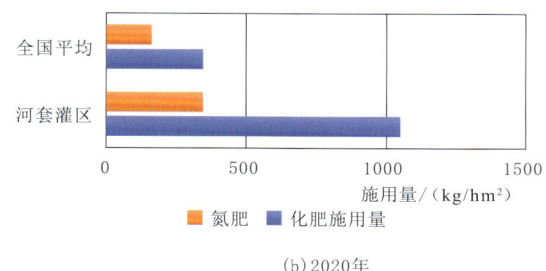

图 3-46 1966—2020 年河套灌区化肥施用量

期)、有机合成农药时代(自 20 世纪 40 年代中期至今)是农药发展史上经历的三个历史阶段。

我国农药从 20 世纪 80 年代开始有了较大发展,但大多数是从仿制基础上建立和发展起来的,直到 90 年代我国农药品种才开始更新。但是,农药仍然以老品种为主,高毒、高残留农药为主导,农药品种比例合理性差,使用技术水平低下,用量大,环境污染严重(图 3-47)。进入 21 世纪,农药逐渐向毒性低、活性高、环境相容性好的方向发展。化学农药的大量使用,虽然对农业生产的丰收起到了保障作用,但随之出现的病虫害抗药性增强、土壤和农作物残留量增加、非防治对象物种的死亡、生态平衡的破坏却越来越严重。

覆膜能增温、保墒、除草、抑盐,是农业增产的重要措施,但也给农田土壤带来了"白色污染"。我国于 20 世纪 70 年代末从日本引入,并在全国广泛推广应用,河套灌区于 30

图 3-47 农药的大量使用加速生态平衡的破坏

年前就开始覆膜播种。随着覆膜的面积及次数增加，土地每年都有残膜留在土地上，残膜逐年累积，土壤地力遭受危害逐渐加重（图3-48）。2017年河套地区亩均残膜为6.07kg，部分地区高达30kg。2018年河套地区千万亩耕地中有八成采用覆膜技术。地膜多为普通塑料，难以在自然条件下降解，且残膜回收困难，每年每茬覆新膜，会加重白色污染，破坏农田生态环境。如今我国已经成为世界上地膜使用量最多、覆盖面积最大的国家，每年要用掉大约145万t地膜，占全球总量的75%。

图3-48 农田地膜残留

白色污染的危害

1907年世界上第一个合成高分子材料——酚醛塑料诞生了。20世纪30—40年代许多高分子材料被合成，包括塑料、合成纤维和合成橡胶，此后合成高分子工业发展迅速，同时废弃物的剧增也带来了环境问题。1984年，在意大利东侧亚德里亚海打捞上来一头死鲸，解剖后发现，该鲸竟是吞食了50多个塑料袋窒息身亡（图3-49）。

白色污染的危害主要包括对空气、水体、土壤以及地球生物的危害（图3-50）。

污染空气：垃圾是一种成分复杂的混合物，在运输和露天堆放过程中，有机物分解产生恶臭。

污染水体：垃圾中的有害成分易经雨水冲入地面水体，在垃圾堆放或填坑过程中还会产生大量的酸性和碱性有机污染物，同时将垃圾中的重金属溶解出来。

污染土壤：垃圾直接用于农田，或仅简单处理后用于农田会破坏土壤的团粒结构、理化性质和保水、保肥能力，促使土壤渣土化。

同时，白色垃圾可能成为有害生物的巢穴，它们能为老鼠、鸟类及蚊蝇提供食物、栖息和繁殖的场所，而其中的残留物也常常是传染疾病的根源。

白色污染是人们对塑料垃圾污染环境现象的一种形象称谓。用聚苯乙烯、聚丙烯、聚氯乙烯等高分子化合物制成的生活塑料制品使用后被弃置成为固体废物，由于随意乱丢乱扔，难于降解处理，以致造成生活环境严重污染，由于塑料垃圾大多呈白色，它们造成的环境污染称为"白色污染"。

图3-49 白色污染

图3-50 白色污染的危害

　　河套灌区经过长期的化肥、农药施用，地膜覆盖残留、农业面源污染问题愈加严重，这对农田土壤结构造成严重影响，灌区地表水及地下水污染也逐渐加剧，加之盐碱地的存在，灌区农田生态环境系统平衡面临严重威胁。乌梁素海位于整个河套灌区下游，在一段时间接纳了河套灌区90%以上的农田灌溉退水，同时，巴彦淖尔全市的生活污水和工业废水也不断排入湖中，湖区面积萎缩，富营养化严重，生物多样性减少。2008年，乌梁素海污染达到顶峰，湖区暴发大面积黄苔，生态功能退化严重（图3-51）。

　　乌梁素海环境污染和生态功能退化形势严峻，这不仅影响湖泊整体功能发挥，还直接影响到区域粮食安全，并威胁到黄河中下游供水安全。乌梁素海的水生态环境问题已经成为该地区乃至整个内蒙古自治区经济社会可持续发展的制约因素。

图3-51　乌梁素海水面黄苔（2008年）

四、矿产开发危及生态

矿产资源犹如一把"双刃剑",在为经济带来动力的同时也在严重影响着生态的平衡。河套平原不仅灌溉系统发达,还蕴藏着煤、铁、铜、金、石墨、石棉、稀土等多种矿产资源(图3-52)。内蒙古乌海市、巴彦淖尔市、包头市煤矿资源丰富,已成为各市经济发展的支柱。但矿产资源开发利用粗放,对生态环境造成严重影响,"开一家矿山,毁一片草原,损一方生态"的现象时有发生。

图 3-52 黄河流域矿产资源分布图

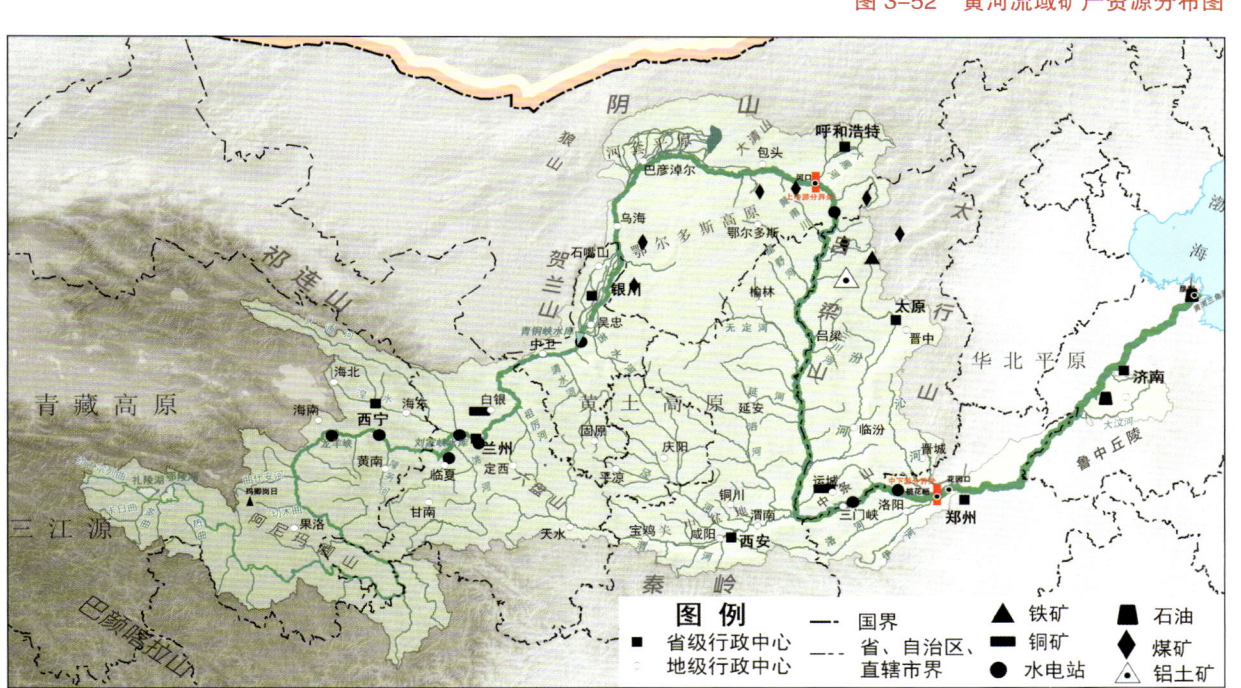

乌海市地处内蒙古自治区西部，是一个以煤炭和石灰石为主的资源型工业城市，素以"乌金之海"著称。乌海市煤炭资源丰富，在2009年之前，炼焦用煤占内蒙古已探明焦煤储量的60%，其中，优质焦煤占内蒙古已探明焦煤储量的75%，是国家重要的焦煤基地；石灰石远景储量在200亿t以上，煤系高岭土储量在11亿t以上，得天独厚的矿产资源优势为乌海的矿业发展提供了资源保证。

乌海市煤炭矿区分布集中，且易于开采，丰富的煤矿资源为乌海市人民生产和生活提供了必需的物质和能量，是各项生产建设的最基本条件。但随着矿产资源的开发利用，矿井瓦斯爆炸、地表沉陷、毒性物质的排放等环境问题，带来人员伤亡、财产及植物损坏、土地废弃等负面影响，导致一些区域生态平衡严重失调。2004年政府开始先后对一些违规企业进行关停整顿，空气污染情况得到初步遏制，近些年乌海市的空气质量指数（AQI）有明显好转（图3-53）。

巴彦淖尔市多年矿产开发利用方式粗放、资源利用率低等问题，对自然资源造成破坏，并且非法越界开采行为多发，严重破坏自然生态，使得采矿区满目疮痍，整个矿区的环境管理一片混乱。这些区域历史遗留无主矿山基本没有进行治理恢复，生态破坏未得到有效治理。甚至一些企业未经地方有关部门审批长期大面积占用天然牧草地，用于堆放物料、废渣和矿石加工设备等，对极为脆弱的草原生态造成破坏。据林草部门2019年统计，巴

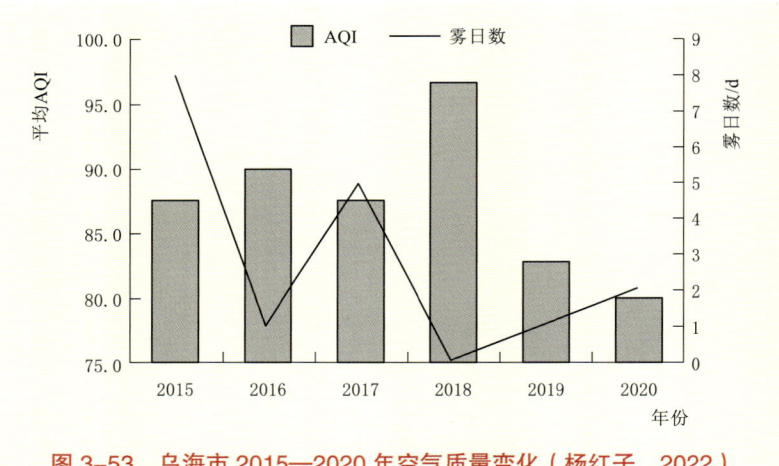

图3-53　乌海市2015—2020年空气质量变化（杨红子，2022）

彦淖尔市占有草原的矿山企业188家，共占用草原面积49000余亩，未取得草原征占用审核手续的仍有61家，占比1/3（图3-54）。河套平原矿产的开发利用对山地及草原自然生态系统带来严重破坏，危及北方生态安全屏障。

图3-54　乌拉特前旗矿山开采（2019年）

　生态修复活力现

一、沙化治理营造绿洲

风沙的肆虐使得土壤风蚀，环境恶化，生态系统平衡被打破，最终退化成为风沙沙源的荒芜之地。大风袭来之时，极易形成沙尘暴，对生态环境以及人们的生产生活带来严重影响。我国代代"治沙人"薪火相传，推陈出新，采用草方格、草障植物带、防风固沙林等科学方式防沙治沙，铸就绿色屏障，实现生态巨变。

1958年，世界上首条通过高大流动沙丘的"沙漠铁路"——包兰铁路竣工，在宁夏中卫境内6次穿越腾格里沙漠（图3-55）。其中，沙坡头段穿越沙漠最长，沿途沙丘裸露，植被覆盖率极低，路轨常常受到流沙侵袭。

图 3-55 包兰铁路穿越沙漠

图 3-56 宁夏灵武白芨滩治沙"草方格"

为保证铁路运行安全，当地尝试过卵石铺面、沥青拌沙、草席铺盖等众多固沙方式，但都被风沙掩埋殆尽。一次工作闲暇时，林场职工在沙漠中扎了"人定胜天""中卫固沙林场"几个字，喜出望外地发现其中方块形的字没有被沙子埋没，$1 m^2$ 的草格在流动沙丘表面固定了下来，由此开创了"草方格"治沙的方法。经过无数次治沙经验的积累，在"麦草方格"技术的基础上，治沙工作者又研发了由固沙防火带、灌溉造林带、草障植物带、前沿阻沙带和封沙育草带共同组成的"五带一体"铁路防风固沙体系正式形成（图3-56）。"寸草遮丈风"，自此，包兰铁路开通60余年来从未被流沙阻断，如一条蜿蜒的河，为沙漠串起生命的绿色。

由于长期面对风沙肆虐，饱受其害的磴口县涌现了一代又一代治沙人，许多的治沙先进集体和治沙英雄劳模被载入磴口治沙造林的史册（图3-57）。治理乌兰布和沙漠第一人杨力生、治沙愚公谢恭德、治沙专家牛二旦、林场职工孙林涛、治沙职工何文强、兵团战士、普通群众……60余年来，由沙进人退到人进沙退，由沙尘肆虐到和风细雨，由黄沙莽莽到林木葱葱，由人迹罕至到产业兴旺，一个个闪亮的名字谱写了一曲英雄的赞歌。

在60余年的治沙征程中，磴口县根据乌兰布和沙漠流动的特点，在黄河岸边已经构筑了一条长150多千米、宽50m的防风固沙林带。在乌兰布和沙漠外围种植梭梭林，做第一层防护（图3-58）；在黄河农田周围种植杨树，做第二层防护，有了梭梭林和杨树的双层保护，黄河不被侵蚀，大量农田也在沙区开辟。经过治理，沙丘平均向黄河推进的速度从2010年的12.64m/a减少到2016年的1.87m/a。防护林建设也大大提高了区域的植被覆盖率。截至2021年，磴口县境内近230万亩的乌兰布和沙漠披上了绿装，形成了160个湖

图3-57　磴口县治沙老照片（1953年）

图 3-58　磴口乌兰布和沙漠综合治理"锁边"林带

泊绿洲，面积达到 57.8 万亩，全县森林覆盖率从中华人民共和国成立初期的 0.04% 扩大到现在的 20.56%，林草覆盖率达到了 37%。

现如今，乌兰布和沙漠的综合治理和绿色发展规划已开始探索山水林田湖草沙统筹治理模式，在这一规划中，未来的乌兰布和沙漠将建成两大林带、三大防护体系、三大防护林网，同时还将建设国家沙漠公园，用"绿色发展"的思维将乌兰布和变灾害为金矿。

二、农耕转变治愈盐碱

灌排体系虽有效地遏制了灌区盐碱地面积的增长，但盐碱的问题并没有得到根本改善；

耕作方式的改变为治愈盐碱提供了有效办法。自 2000 年以来，巴彦淖尔市结合当地实际情况，针对不同类型、不同程度盐碱化耕地集成了三种盐碱地改良技术模式，可明显提高保苗率（图 3-59）。轻度盐碱地采用"五位一体"技术模式，中度盐碱地采用上膜下秸阻盐综改技术模式，重度盐碱地采用暗管排盐配合"五位一体"模式。

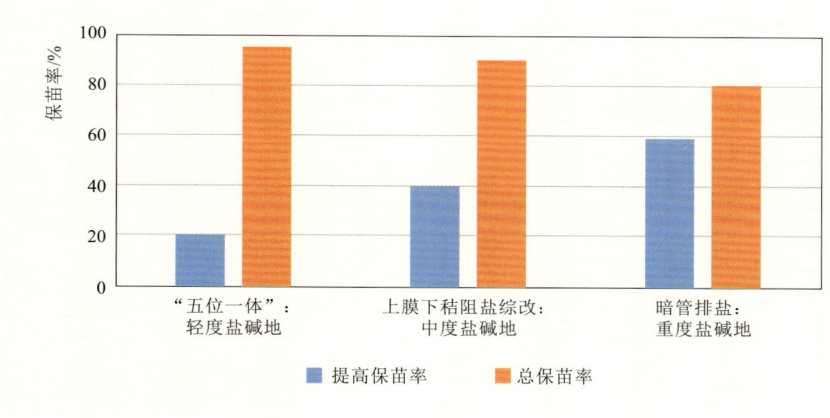

图 3-59 三种盐碱地改良模式示范结果

"五位一体"技术模式，是指增施有机肥提高盐化土土壤有机质、降低土壤 pH 值，掺混明沙降低土壤容重、提高土壤通透性，施用脱硫石膏改碱，施用改良剂，种植耐盐作物。上膜下秸阻盐综改技术模式（秸秆阻盐）利用秸秆翻压在土壤 30～40cm 处形成隔盐层，切断地下盐分上升通道，起到降盐效果，秸秆还田后也起到了肥田的效果。暗管排盐技术模式针对地下水位高、盐碱化较重的耕地，实施大水洗盐后，盐水渗透暗管中强排出农田外，起到降低地下水位和排盐的双重作用（图 3-60）。

暗管排盐主要采用在地下铺设暗管的方式，及时地排出农田内多余的水分，并有效控制地下水位，切断或者大幅度地减弱水分在土壤的毛细作用，切断次生盐碱地的形成过程。对于已经形成的次生盐碱地，铺设暗管之后，每次灌溉和降雨都是一次淋洗过程，土壤表层的过多盐分溶于灌溉水后，渗入排水暗管，然后流出田块，达到排盐的作用（图 3-61）。

(a)巴彦淖尔盐碱地生态修复前(2013年5月)

(b)巴彦淖尔盐碱地生态修复后(2016年5月)

图 3-60 巴彦淖尔盐碱地改良

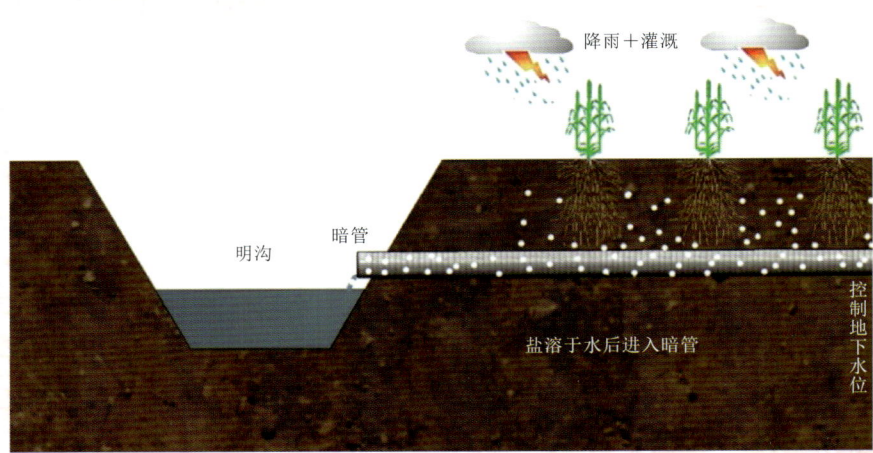

图 3-61 暗管排盐示意图

2018—2019 年，巴彦淖尔市通过整合高标准农田建设、自治区盐碱地改良专项试点工程等项目资金 16.39 亿元，完成盐碱化耕地改良 140.03 万亩；改良后耕地的地力普遍大幅度的提高，耕地的农业标准化程度也随之提高，农业调整空间范围加大，年新增产粮 25 亿 kg（图 3-62）。

图 3-62 节水灌溉建设高标准农田

三、面源污染"四控"并举

对于面源污染，只有树立以生态优先、绿色发展为导向的农业高质量发展理念，配以精细化、智能化、多方位的措施才能得到根治。2018 年，对巴彦淖尔试点开展控水、控肥、控药、控膜"四控"行动。应用有机肥、配方肥（图 3-63）和新型肥料代替传统化肥，实现控肥增效；通过线上农药追溯监管系统，对农药销售进行台账管理；推进生物、高效低毒低残留农药使用，实现控药减害；利用智能控制系统，改深浇漫灌为精准滴灌，实现作物以需定水，控水降耗；推广使用新国标农用地膜，建设地膜回收处理厂，购置残膜捡拾机，加大残膜回收力度，研发可降解（生物）地膜替代，实现控膜提效。

2020年，巴彦淖尔临河区建成并运行智能配肥站20个，实现减肥1206t，推广使用配方肥、新型肥料102.37万亩，增施有机肥66.62万亩；追溯回收二维码激活总量17.2万个，农药销售量10.5万个，废弃物回收3.6万个；统筹推进高标准农田12.7万亩、高效节水项目1.13万亩，推广膜下滴灌6万亩、黄河水澄清滴灌4000亩，新增节水300万m³；农用地膜覆膜面积约为161万亩，国标地膜使用率达到100%。同时，该区还积极开展废旧地膜回收行动，残膜当季回收率达到83%以上。

此外，灌区改变种植结构，由单一小麦种植结构演变成小麦、玉米、葵花的多元化种植结构。小麦种植面积的减少，大大降低了氮肥、磷肥的施用量，进一步抑制农田面源污染。经过"四控"行动的深入开展，灌区面源污染得到有效抑制，农田生态系统逐步好转（图3-64）。

图3-63　配方肥种植作物

图3-64　"四控"行动

四、生态补水明珠新生

针对乌梁素海内源污染严重、水面萎缩等问题，2018年，内蒙古乌梁素海流域山水林田湖草生态保护修复工程被纳入国家第三批山水林田湖草生态保护修复工程试点，工程根据流域内不同的自然地理单元和主导生态系统类型，对乌梁素海周边生态环境进行综合治理（图3-65），同时实施生态补水工程，增加湖区库容，提高水体自净能力，"塞外明珠"恢复活力。

针对环乌梁素海生态保护带功能退化问题，在湖滨带建设水源涵养林，对生态脆弱的固定、半固定沙丘进行撒播草籽、围栏封育，建设鸟类繁殖保护区，实施湖区河口自然湿地修复与人工湿地构建工程（图3-66）。

针对乌梁素海内源污染严重、水面萎缩等问题，加大生态补水力度，增加湖区库容，提高水体自净能力，同时开展芦苇、沉水植物收割及资源化利用，开展湖区立体化养殖等活动。自2007年以来灌区干渠已向乌梁素海实施生态补水36.48亿 m^3，既减轻了黄河防凌压力，又实现了生态补水、改善环境的目的（图3-67）。

图3-65 乌梁素海海堤综合整治工程景观

图 3-66　乌拉山和乌梁素海之间的湖滨带生态拦污工程

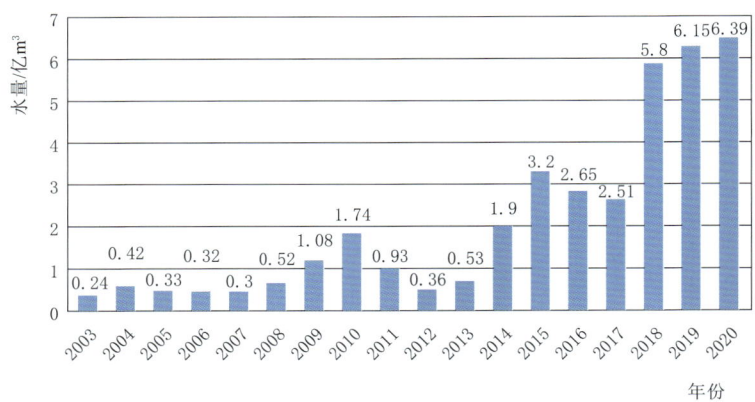

图 3-67　乌梁素海历年生态补水量（黄河水利科学研究院提供）

自 2012 年以来，生态补水进程开始加速，生态补水量大幅度增加，将乌梁素海原有的水体置换排出，而新水体所携带的污染物负荷量比原有水体低，这就使乌梁素海的水质得到改善。根据乌梁素海 2005—2014 年各水质指标及水质变化综合分析结果可知，除 TP（总磷）外，各水质指标状况均有不同程度的改善，乌梁素海的水质类别由 2005 年的接近Ⅴ类水上升到 2014 年的Ⅲ类水以上，水质状况明显好转（图 3-68、图 3-69）。

2019 年，习近平总书记在内蒙古考察时指出，乌梁素海治理坚持山水林田湖草系统治理，实施控肥、控药、控水、控膜行动，既减少了农业面源污染，改善了入湖水质，又促进了农产品品质提升，一举多得。

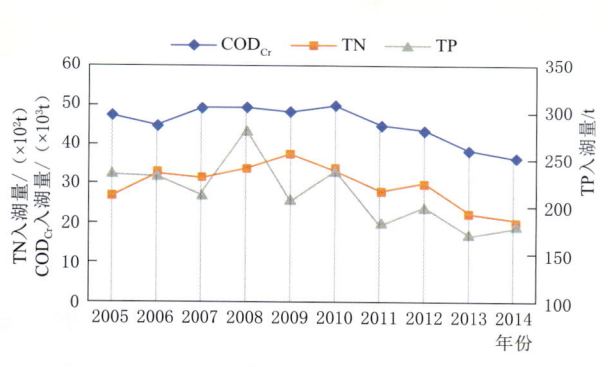

图 3-68　灌区总排干 TN、COD_{Cr}、TP 入湖量年际变化

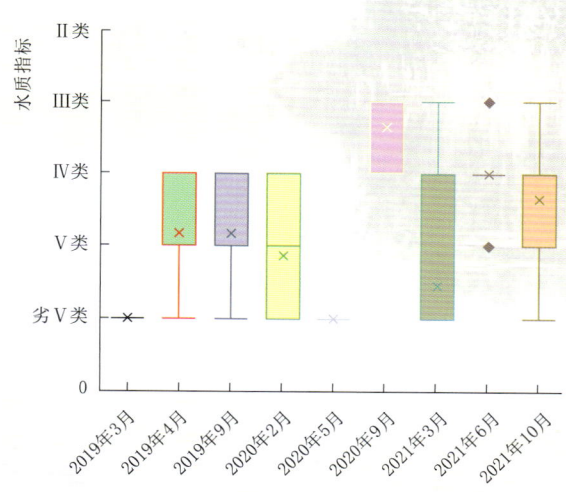

图 3-69　乌梁素海近年水质变化情况
（黄河水利科学研究院提供）

五、系统治理秀美山川

系统治理即从保护生态系统的完整性出发，立足各生态系统自身条件，遵循"宜耕则耕、宜林则林、宜草则草、宜湿则湿、宜荒则荒、宜沙则沙"的原则，对山水林田湖草沙进行统筹治理。系统治理有利于生态保护修复工程的实施，加大生态系统保护力度，提升生态系统稳定性和可持续性。

自 2018 年启动内蒙古乌梁素海流域山水林田湖草生态保护修复工程，至 2021 年，上游乌兰布和沙漠种植 4.2 万亩梭梭，铺设草方格约 3100 万个，铺设沙漠道路 160km；

修复矿山面积 70.64km², 造林 33000 亩；修缮海堤路 68.76km, 填筑 275 万 m³。乌梁素海流域生态环境质量明显改善，黄河生态安全得到有效保障，生物多样性得到有效提升，每年可减少 100 万 m³ 的泥沙流入黄河，推动流域内 3.7 万贫困人口脱贫致富（图 3-70）。

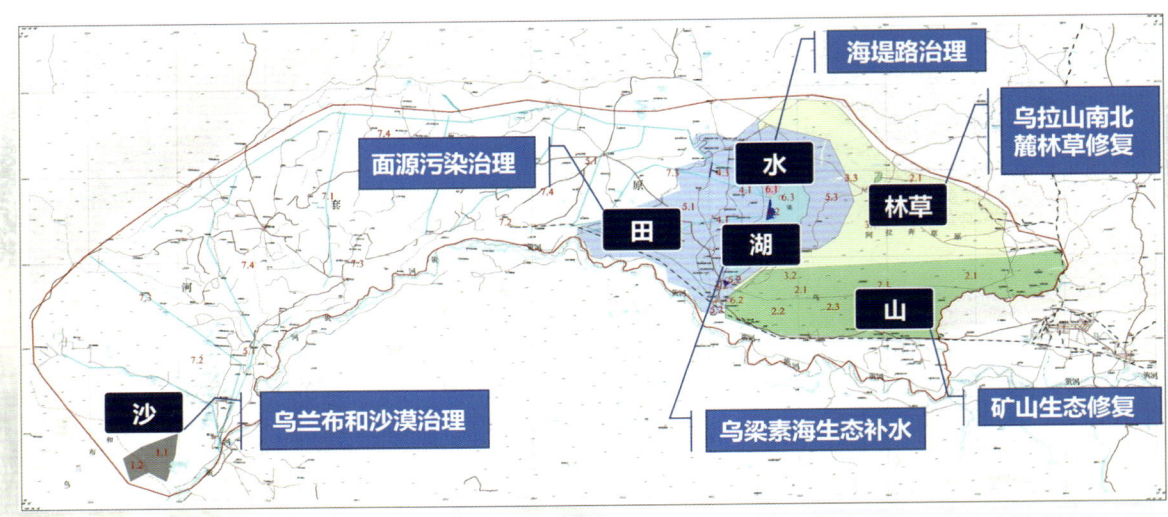

图 3-70 乌梁素海流域生态保护修复方案示意图

面对乌兰布和沙漠的治理困境，自治区提出了综合治理方案，中建一局（集团）有限公司负责实施，研发了轻型敷草压沙机械，以机械压沙为主，辅助以人工压沙，恢复自然植被，从而提升了北方防沙带生态功能，沙尘暴、沙漠迁移减缓，有效减少进入黄河的泥沙量，保护黄河中下游水生态安全（图 3-71）。

在矿山环境治理中，通过采用削坡、三联防护技术，崩塌体清理、防护堤导流、泥石流物源镇压清运、生态修复四步走等方式，做到恢复矿山植被、保持水土，防风固沙、消除地质灾害（图 3-72）。

治理前的乌拉山同样生态破坏严重，通过将防护林与经济林相结合进行种植，形成林草结合生态型防护网，有效减少区域地表径流、防止水土流失,提高乌拉山南北麓生态安全水平(图3-73)。

治理前的乌梁素海海堤路被湖水和山洪冲蚀严重,当地居民生产生活无法正常进行。通过对原海堤加高培厚、碾压、护坡三步施工,进行综合整治,保障了乌梁素海海堤安全,改善了当地管理运行条件(图3-74)。

图3-71 乌兰布和沙漠治理前后

图3-72 矿山地质环境综合治理前后

水润河套,塞上江南。千百年来,无论是风吹草低见牛羊,还是八百里河套米粮川的历史演变,都止不住灌区开发的历史进程。这一广阔的绿洲,不但养育了百万河套儿女,而且对于阻止乌兰布和沙漠向东侵蚀、改善地区气候、减轻沙尘暴威胁、保障首都安全发挥着重要的生态安全屏障作用。可以说,河套灌区不仅是一个水利工程,还是河套人民赖以生存的家园,更是祖国正北方一道亮丽的生态风景线。

图 3-73 乌拉山南北麓林草修复前后

图 3-74　乌梁素海海堤修复前后

第四章 黄天厚土换新颜

黄土因其肥沃松软，易于开垦，自古以来备受农耕文化的青睐，也因此孕育了灿烂的中华文明。然而，千百年来，由于气候变化、人口增长和朝代更迭下战火硝烟不断，黄土高原的生态环境遭到持续破坏，植被大幅度减少，使得黄土高原成为黄河流域水土流失最为严重的地区，从繁盛之地，一度成为"人类最不适宜生存的地方"。黄河流经此地携带的大量泥沙，淤积下游河道，形成了著名的"地上悬河"，对防洪安全构成巨大威胁，母亲河也因此一度成为中华民族的千年忧患。

为了治理黄河，一代代治黄工作者抽丝剥茧、上下求索，寻求生态治理的良策；经过防风固沙工程、退耕还林还草、修筑梯田、打造淤地坝等一系列水土保持措施的实施，入黄泥沙量大大减少，黄河年均输沙量从 16 亿 t 降到了 3 亿 t 左右，黄土高原整体面貌得到改善，昔日的黄天厚土可谓旧貌换新颜，这片沧桑贫瘠的土地也重新焕发出勃勃生机（图 4-1）。

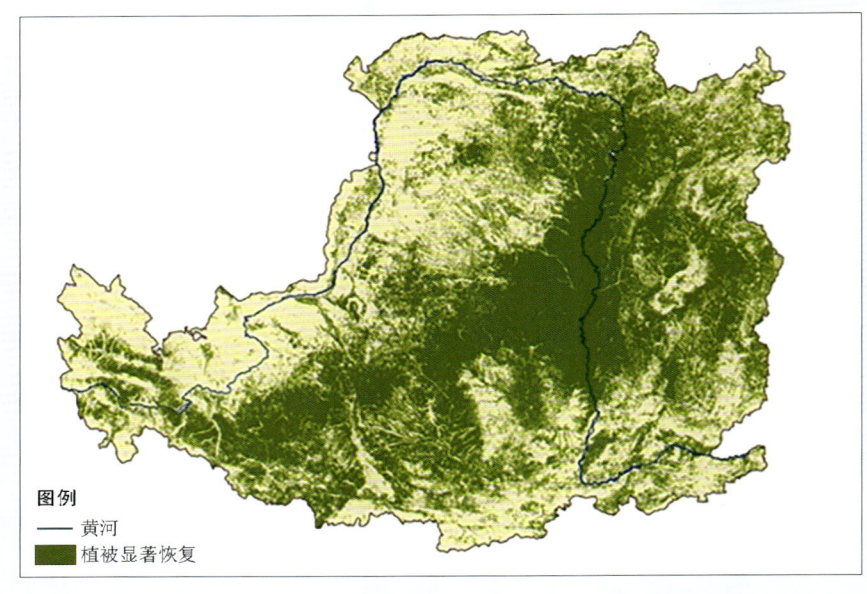

图 4-1　2000—2014 年黄土高原植被覆盖显著恢复范围

第一节　黄天厚土话变迁

　　黄土高原本是以其黄土特性而得名，现在也因其植被稀少、黄沙漫天、荒凉贫瘠的刻板印象闻名于世。据史料记载，在历史时期的早期，黄土高原也曾是"草木畅茂，禽兽繁殖"之地，甚至还有犀牛、野象时常出没，荒凉贫瘠之态并不那么显眼。然而，在漫长的历史时期，气候变化和人类活动的共同作用，使得黄土高原生态环境被大肆破坏，植被覆盖度持续降低、水土流失日益严重，这块土地逐步走向衰退，成为黄河百害之源。

一、气候冷干植被界限南移

　　地球上的气候曾发生过多次巨大变化，据历史文献和考古发掘材料显示，中国历史时期的气候变迁与世界历史气候变迁的趋势大致相似。夏商时代是我国 5000 年间最温暖的时期，当时人口稀少，黄河流域绿竹繁茂，野象、犀牛出没于林莽之间，年平均温度比现今约高2℃。人类生活还主要集中在河谷平原和台塬地区，开垦土地、采伐林木的范围主要在聚落、城邑附近，对植被的破坏相当有限，黄土高原广大地区的植被尚保持着天然之态。在《诗经·小雅·吉日》《史记·秦本纪》中均记述着周天子、秦文公驱车在陕北、陇东追逐鹿群，射杀野兔的情景，可见当时的陕北、陇东一带的黄土高原分布着广阔的草原（图4-2）。

图4-2　周天子逐鹿图

及至商末西周初年，黄土高原气候的冷干化逐渐明显，植被带界线开始南移。植被界限南移致使北方草场退化，也迫使西周末年游牧民族大举南侵，黄土高原南部部分地区茂密的森林植被也开始被草原植被所替代。

西周至春秋时期，黄土高原植被虽受人类活动的轻微破坏，但基本保持着原始状态。六盘山以东、吕梁山以西、渭河以北、长城以南的黄土高原主体部分既有面积广大的草地，又有广泛分布的灌丛，河谷低地和山地则以乔木植被为主。离石—延安—庆阳一线是一条重要的植被分界线，此线以南显域性植被虽以疏林灌丛草原为主，但以栎属、桑属为主的落叶阔叶乔木占有较大比重，此线以北主要为半旱生和旱生草原。这是人类历史早期，黄土高原在较为天然状态下的植被分布格局（图4-3）。

二、沙漠南侵威胁生态屏障

气候冷干化背景下，人类活动让本就脆弱的黄土高原地区生态继续恶化，毛乌素沙漠南侵就是其中最典型的案例。

毛乌素沙漠，又称鄂尔多斯沙地，位于陕西、内蒙古两省（自治区）交界，是中国的四大沙地之一，总面积4.22万 km^2。毛乌素沙漠并非天然沙漠，在公元5世纪魏晋南北朝时期，毛乌素沙漠还是一片水草肥美的大草原，居住着游牧为生的匈奴民族。先秦及秦汉时，毛乌素南边区域已经是匈奴的政治和经济中心，草滩面积广阔，河水清澈、风景宜人。位于陕西府谷县的高寒岭人文森林公园，还保存着陕北最完整的天然杜松林带之一，内有千年古木几十株。远近闻名的中华版图柏，虽历经千年风雨沧桑，但仍郁郁苍苍，充满生机，它们顽强留住了毛乌素最后的繁茂，在此后百余年里，成为毛乌素"沙漠南侵"最后的见证者和守护者（图4-4）。

随着人口增加、战乱四起、牧民不加节制地开垦和民族间战乱的冲击，加剧着生态的破坏。唐朝初期"昭武九姓"的过度放牧，进一步促使毛乌素变成了一块小沙地。到两宋时，毛乌素地区沙漠化渐渐显现，一路越过长城。直到清朝初年，毛乌素沙漠的南侵，严重破坏了我国北方的生态屏障。直至半个世纪以前，陕西榆林地区的百姓还在遭受风沙之苦。从毛乌素沙漠发起的沙尘暴，曾一度蔓延到北京、天津、南京、上海，对人们的生存环境造成了深重的危害（图4-5）。

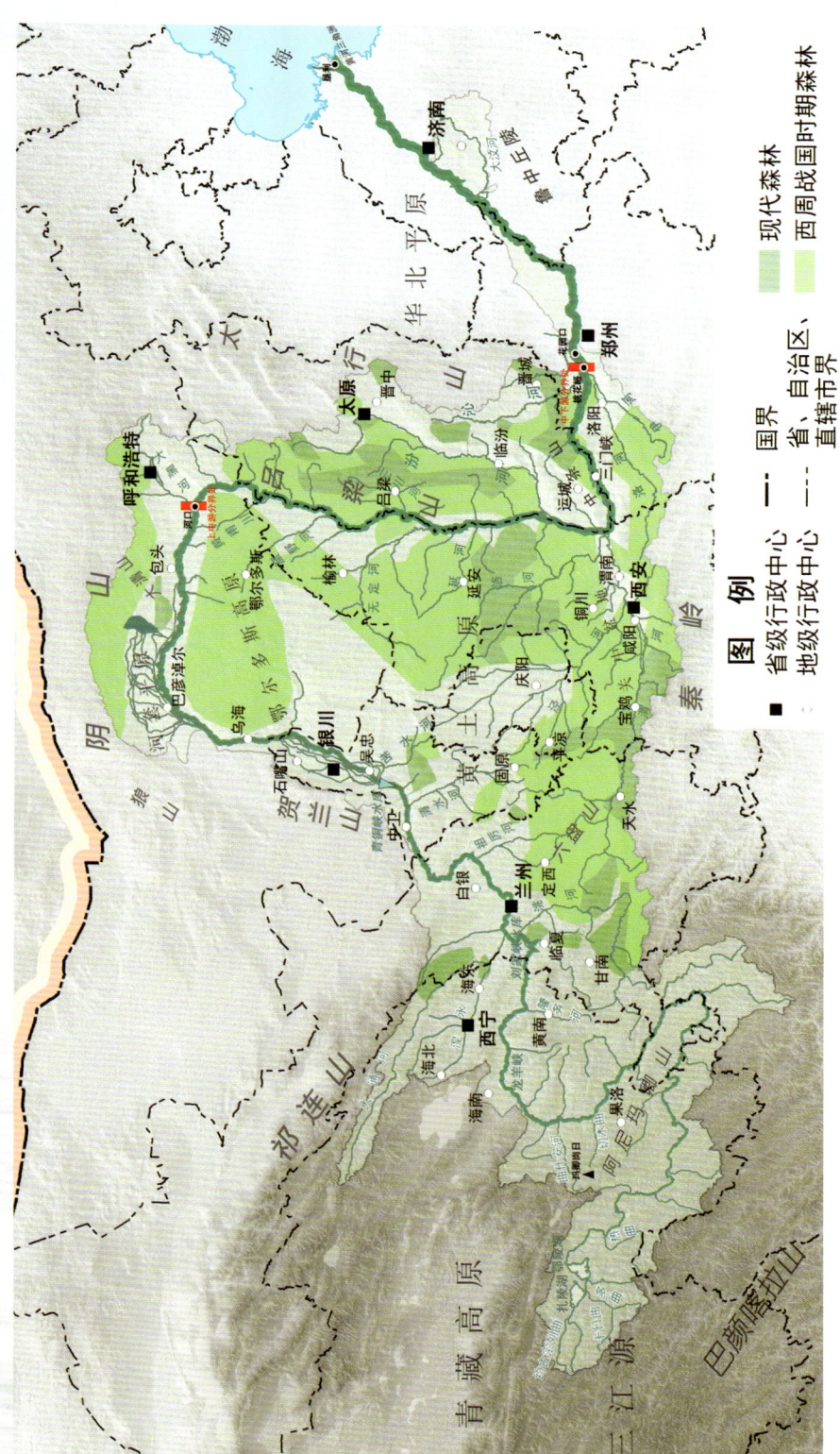

图 4-3 西周战国时期黄土高原森林分布图

图 4-4　高寒岭人文森林公园里的中华版图柏

图 4-5　往日深受沙尘暴危害的北京城景象

三、毁林开荒加重水土流失

（一）河山一统时期的平原开荒

战国中后期，赵国向今山西北部、陕西榆林扩展，使这些地区的游牧业逐步由农耕代替，原有的灌丛草原被大片开垦。到秦汉时期，农耕业第一次向黄土高原大举扩展，农耕文化向北方的入侵加剧。秦末汉初，黄土高原北部形成了一条农牧分界线，大致沿秦长城经东胜东、榆林北、靖边北到环县一线，此线以北为游牧民族活动的草原地带，此线以南为疏林灌丛草原（图4-6）。

秦朝统一不仅改变了黄土高原农牧业人口的分布格局，为抵御外敌而修筑的秦直道和秦长城对植被的破坏也相当巨大。秦直道被誉为世界上"第一条高速公路"，南起云阳（今陕西省淳化县），北达九原（今内蒙古自治区包头市西郊）。据史料记载，秦直道全长725km左右，路面最宽处达60m，一般也有20m，所经之地森林植被全部被铲除，至今都未全部恢复（图4-7）。此外，为防御北方匈奴入侵，蒙恬"将三十万众"北修长城，长城沿线兵民屯田开荒，使林草植被遭受进一步的破坏。

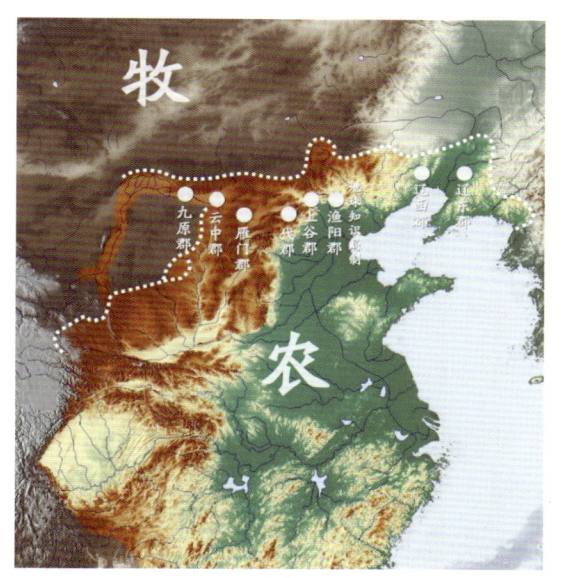

图4-6　长城——北方农牧分界线

隋唐时期，农耕业继秦汉以后达到新的高峰，并不断向黄土高原中北部、西部推进，原有的林地、草地变为农田。同时，唐朝长安人口达百万以上，建筑用材、生活用柴需求量很大，除就近在终南山采伐外，还在关中西部的岐山、陇山、山西北部的离石、岚县采伐木材，使黄土高原林草植被大范围遭到破坏。天然森林植被仅保存在太行山、吕梁山、芦芽山、云中山等山地。

北宋时黄土高原植被状况进一步恶化。据史料记载，北宋初期京城开封大兴土木，但附近的山地如嵩山、太行山南段、中条山已无林可采，采伐中心进一步向黄土高原腹地推移，从天水西北的夕阳镇，西移到武山县东的洛门镇。黄土高原汾渭谷地等河谷平原、黄土台塬及黄土塬区已没有天然森林（图4-8）。

（二）帝国盛衰时期的山地开垦

金元时期，由于大兴土木，山西地区的大量林木被砍伐。黄土高原地区的坡地也遭到了进一步的开垦，坡地的开垦不仅使丘陵区疏林灌丛草原遭到破坏，也造成了严重的人为水土流失。明朝初期，为解决黄土高原北部修筑长城的驻军给养，关内居民在长城沿线大肆屯垦，黄土丘陵坡地和长城沿线山西北部宁武、偏关、雁门等地的草原遭受毁灭性破坏，山地几乎全被开垦。明朝中叶这些地区"百家成群，千夫为邻，逐之不可，禁之不从"，"林区被延烧者一望成灰，砍伐者数里为扫"，森林采伐几乎到了失控的地步，晋北长城沿线再也难以找到成片的森林（图4-9）。

图4-7 秦直道遗址

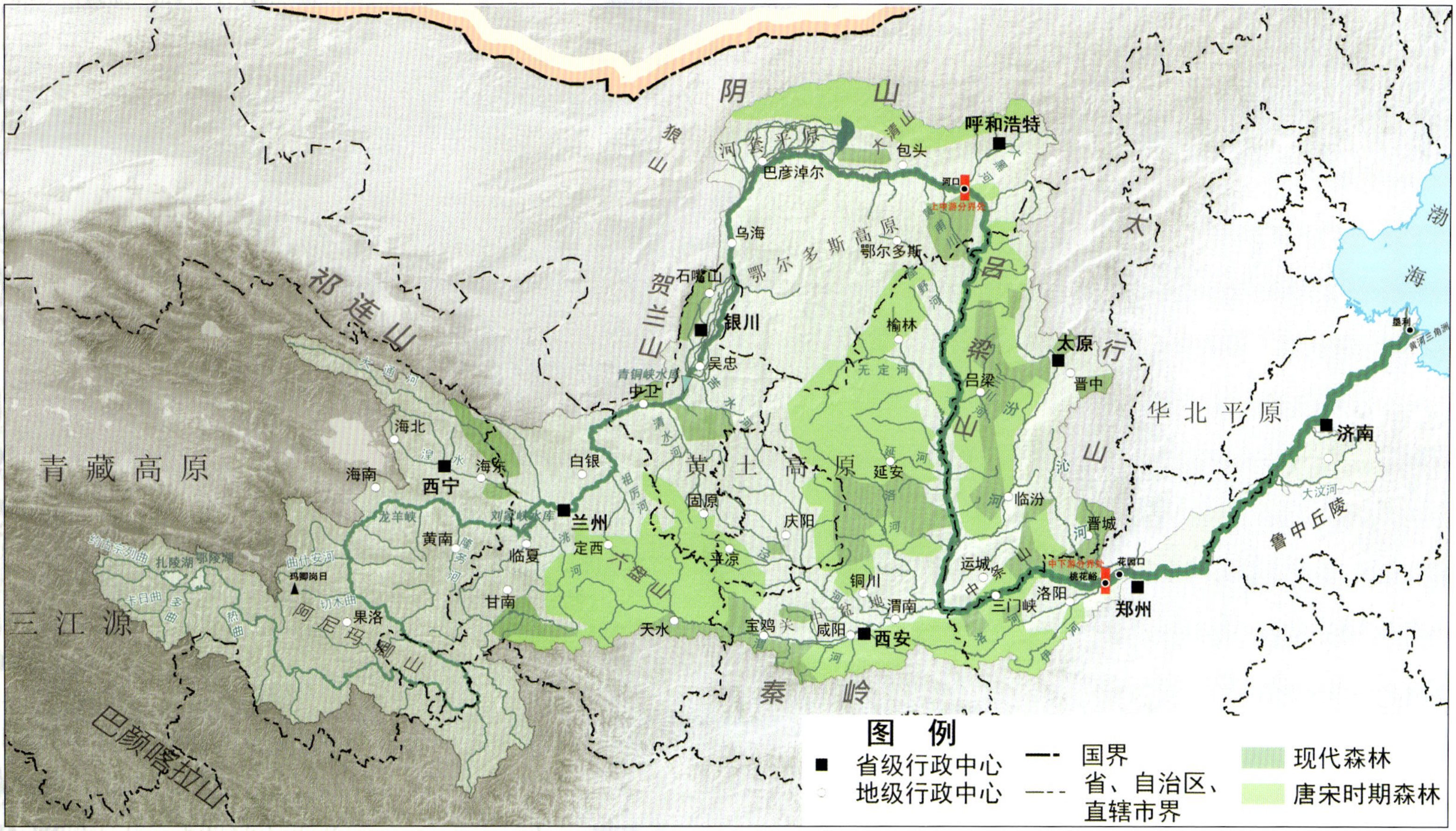

图 4-8 唐宋时期黄土高原的森林分布图

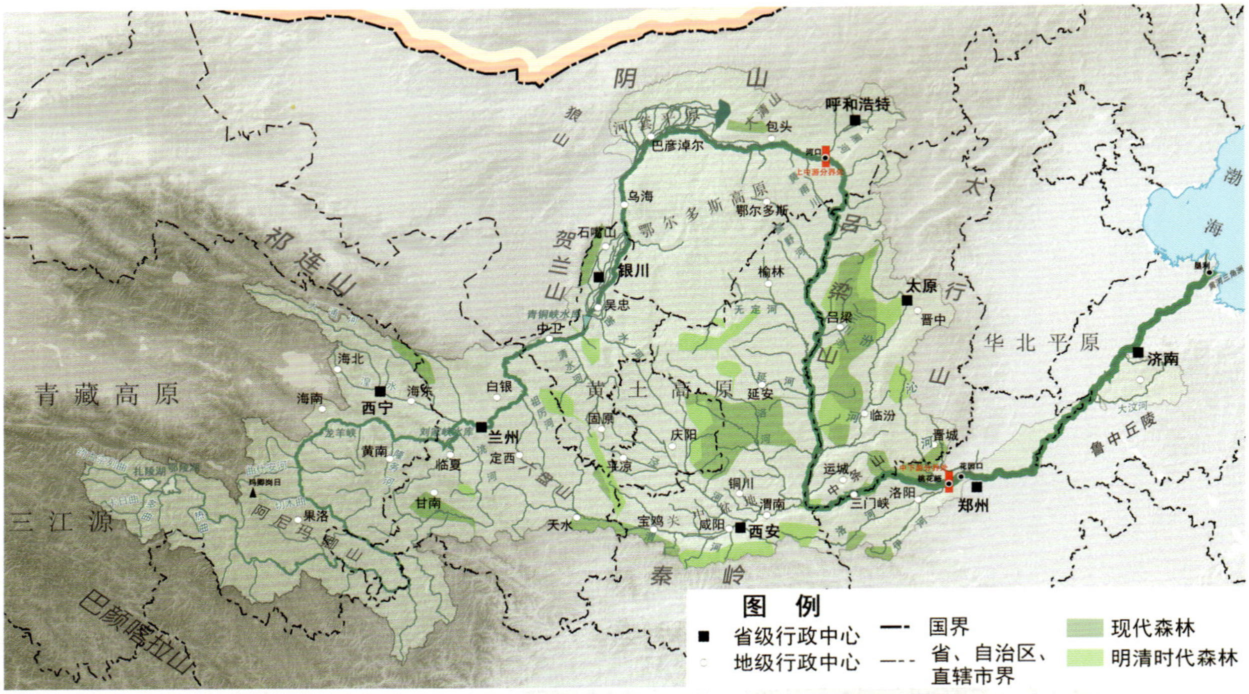

图 4-9 明清时期黄土高原森林分布图

第二节　生态忧患析成因

一、先天不足的气候条件

黄土高原虽属季风气候区，但距海洋较远，大陆性气候又有一定的表现。由东南向西北大陆性程度逐渐增强，东南属半湿润气候类型，中部属半干旱气候类型，西北部属干旱气候类型。正是这种气候类型，造就了从西北到东南黄土高原的生态景观从沙漠、草地到森林、良田逐步过度的景象。可以说，气候就是塑造黄土高原外衣的无形之手（图4-10）。

从黄土高原的降雨等值线上就可以看到，黄土丘陵沟壑区正处在400mm降水线以南，

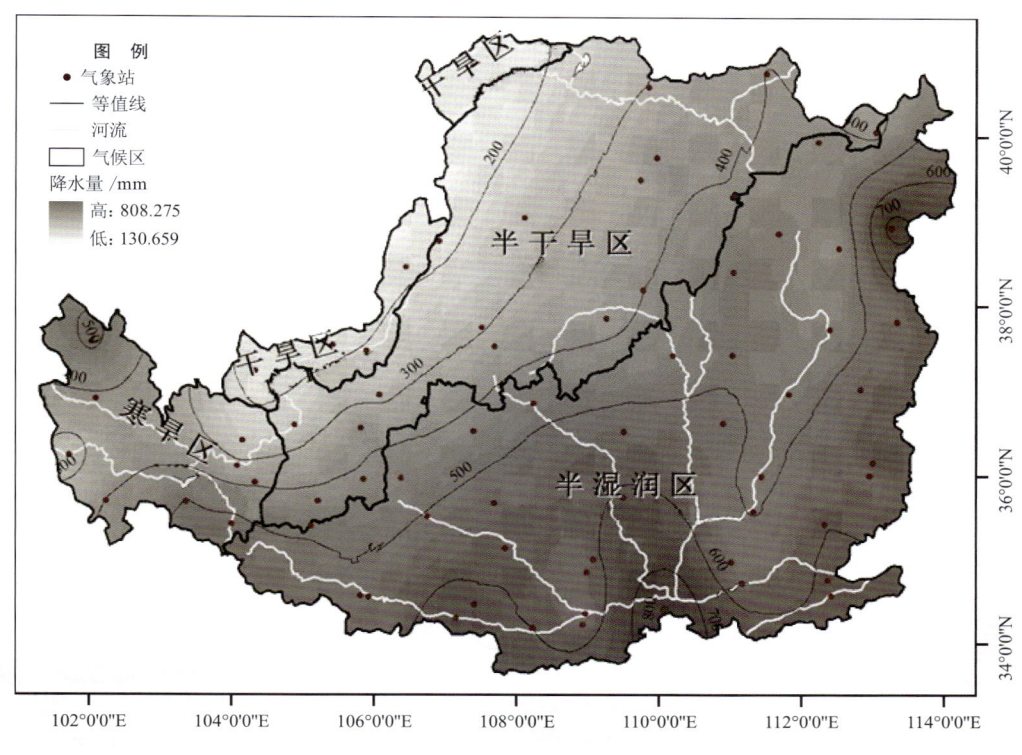

图 4-10 黄土高原气候降雨等值线图

属于黄土高原降雨较大的地区，夏秋降雨多以暴雨的形式出现。有了松散的侵蚀物质来源和塬梁峁沟的复杂侵蚀地貌基础，对于黄土高原水土流失的发生而言，可谓是"万事俱备，只欠东风"。丰富的降水和极端天气，正是触发黄土高原水土流失的重要开关，成为黄土高原水土流失的主要驱动力。

二、极易侵蚀的黄土特性

水力侵蚀、重力侵蚀和风力侵蚀是黄土高原最常发生的几种侵蚀形式，多样化且严重的土壤侵蚀的发生，与黄土的特性息息相关。

黄土是第四纪时期在风力作用下形成的一种特殊的土状堆积物，土壤构成简单，主要由粉砂组成，含一定数量的细砂、黏土、易溶性盐类、石膏、碳酸盐等，颜色为黄灰色或棕黄色，质地均一，黏性较差。所以，黄土在干燥时容易固结成聚积体，强度较高，而遇水后随着矿物溶解，土体会迅速分散、崩解，极易造成水力侵蚀（图 4-11）。

图4-11 黄土高原的土壤侵蚀

黄土结构为"点、棱接触支架式多孔结构",垂直节理发育,黄土中细粒物质如黏土、黄土中孔隙度一般可达45%～50%,尤其是大孔隙特别突出,极易渗水,当受水浸润后上体在自重和上部压力作用下,易发生滑坡、泻溜、湿陷等不同规模的重力侵蚀(图4-12)。同时大孔隙也成为土体中水体和细粒物质迁移的通道,使黄土易发生潜蚀,在地下形成地下管道。由于黄土是风力作用从沙漠地区搬运而来,所以,在风力作用下,也极易发生风力侵蚀。

图4-12 黄土层的垂直节理

全球黄土分布

黄土并非黄土高原独有，事实上，黄土在世界上分布相当广泛，占全球陆地面积的1/10，成东西向带状断续地分布在南北半球中纬度的森林草原、草原和荒漠草原地带。在欧洲和北美，其北界大致与更新世大陆冰川的南界相连，分布在美国、加拿大、德国、法国、比利时、荷兰、中欧和东欧各国、白俄罗斯和乌克兰等地；在亚洲和南美洲则与沙漠和戈壁相邻，主要分布在中国、伊朗、部分中亚地区、阿根廷；在北非和南半球的新西兰、澳大利亚，黄土也有零星分布（图4-13）。

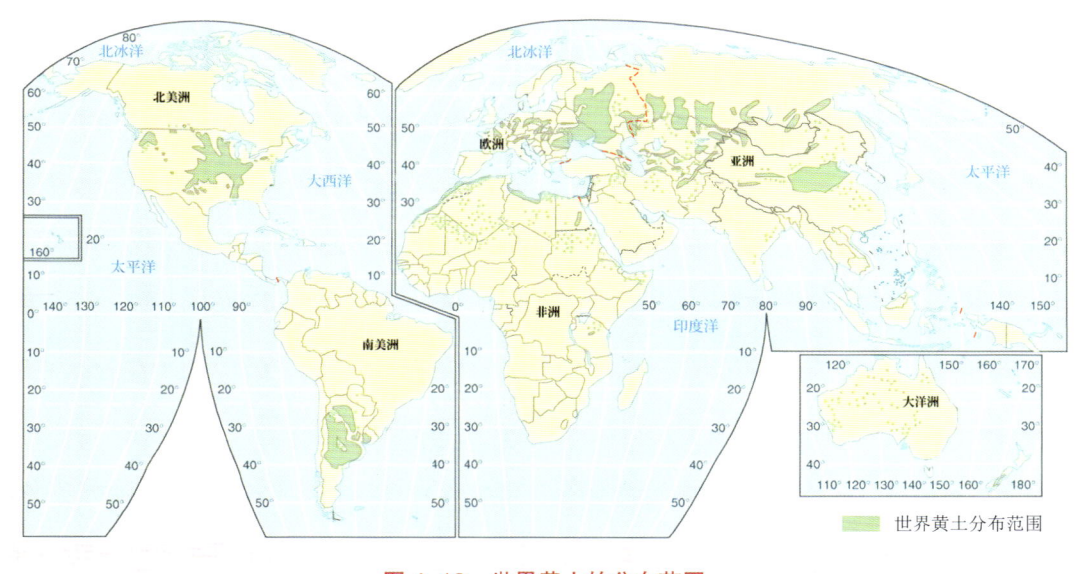

图4-13　世界黄土的分布范围

三、沟壑纵横的地形地貌

黄土地貌有许多典型的特征，整体上来说，沟壑纵深、沟谷众多、地面破碎是黄土地貌的主要特征。

黄土高原地貌的形成，首先与黄土之下的原始地貌关系密切。黄土形成之后，地质运动并未消停，新构造运动比较强烈，垂直、断裂等两大构造运动在黄土高原上演，大部分

黄土峁 一般为馒头状的土丘，四周是陡峭的黄土沟。黄土峁大多是由黄土梁不断受侵蚀演变而成的。连续的黄土峁大多是河沟流域的分水岭。

河流

黄土梁 为长条状的黄土丘陵，平梁多分布在塬的外围，和黄土塬被沟谷分割生成的一种地貌。

黄土沟 沟分细沟、浅沟、切沟、悬沟、冲沟、坳沟（干沟）和河沟等七类。前四类是现代侵蚀沟，后两类为古代侵蚀沟，冲沟则两类均有。

黄土塬 为顶面平坦、宽阔的黄土高地，又称黄土平台。它代表黄土的最高堆积面。

图 4-14 黄土高原地形地貌示意图

区域被持续抬升，小部分区域则下陷，断裂下陷最明显、面积最大的是渭河和汾河谷地，这还只是黄土层上的地貌被塑造的一部分推力。

黄土高原的地貌发育还受到流水侵蚀作用的影响。黄土土质疏松，节理发育，地表面植被又比较稀疏，加上降水集中且多暴雨，非常容易发生水土流失，当遇到暴雨天气时，松散的黄土便在雨水的侵蚀作用下，在黄土坡面上进行冲刷和侵蚀，大量的泥沙让坡面出现细沟，水流汇聚，侵蚀力度加大，进一步形成切沟、冲沟，长年累月，便构成了黄土高原上独特的塬—梁—峁—沟地貌特征，刻画出千沟万壑的地貌景观（图4-14）。

四、人类活动的推波助澜

自农耕文化浸润黄土高原以来，人们在黄土高原开展的农业活动就从未间断，历史时期由于长期征战屯兵造田、人口激增开荒种地，让黄土高原原本脆弱的原生植被破坏殆尽，本就松散的黄土层遭到剧烈破坏，加之轮垦轮荒的落后耕作方式，黄土高原土地生产力逐渐下降，土地荒漠化现象与日俱增，对黄土高原的水土流失起到了推波助澜的作用（图4-15）。

图4-15 黄土高原集中连片的坡耕地

及至20世纪，中华人民共和国成立前期，由于连年战乱，特别是抗日战争时期，黄土高原植被的破坏仍在继续，黄土高原丘陵山区毁林开荒现象严重。中华人民共和国成立后，人口快速增长，粮食需求量增加，黄土高原植被缩减达到历史顶峰，仅20世纪50—80年代，子午岭林线就后移了20km；宁夏固原县、西吉县天然次生林均减少了88%；山西吕梁山北部从山麓到分水岭已成裸露的山地，山坡几乎全部被开垦为农田。

第三节　生态治理探良策

一、李仪祉理念引领

李仪祉是黄土高原土生土长的近代著名水利学家，奔波于黄河上下，对我国历代治理黄河的经验教训进行了深入调查研究，提出了科学的治河方略。

由于深知黄河流域"泥沙未减，本病未除；中上游不治，下游难安"的现状，李仪祉以根治泥沙为治黄之本，提出了精辟的水土保持观点，主要有四点：一是在土壤侵蚀的认识上，黄土高原的土壤侵蚀类型多样，主要有风力侵蚀、水力侵蚀和重力侵蚀，水土流失治理需要因害设防；二是在土地利用方式上，提出治理坡耕地、培植森林、广种苜蓿、改良盐碱荒沟荒滩；三是在治理方式上，主张层层设防，从坡、沟、川、滩分层治理；四是在泥沙利用上，提出了保（就地蓄水保土）、拦（坎库拦淤）、排（排洪排沙）、淤（引洪淤灌）。他还提出了"平治阶田，推行沟洫；修筑横堰，控制沟壑；固堤治滩，防止塌岸；培植森林，防治河患；广种苜蓿，肥田养畜；拦水漫田，膏沃压卤"六大措施理论体系，换言之就是平整土地、坡改梯、修筑谷坊、淤地坝、固沟保塬、植草种树，以及加固河堤、滩地治理、拦蓄洪水生态保护措施。李仪祉奠定了我国水土保持的理论基础，是我国现代水土保持的先驱，纵观李仪祉治水治黄观点和措施，论断英明，科学求实，至今仍然有很重要的指导意义（图4-16）。

二、天水站首开先河

天水站是我国建立最早的水土保持科研机构。20世纪20—30年代，水土保持学在美国兴起，并在美国学者罗德民等的带动下在中国发展开来。作为国际水土保持学科奠基人之一的美籍教授罗德民，1922年来到中国，先后在河南、陕西、山西等地调查森林植被与水土流失的关系，并第一次造访天水。1942—1943年，罗德民又一次来到中国，在时任农林部天水水土保持实验区主任傅焕光的陪同下带领西北水土保持考察团，到陕西、甘肃、青海等地进行考察，帮助当时的国民政府拟订开展水土保持研究的工作计划、培训水土保持工作人员，在此期间，筹建了我国最早的水保站——天水水土保持试验站（简称天水水保站）（图4-17）。

天水水保站的建立，开创了我国水土保持科学试验研究的先河，傅焕光也成为中国水土保持事业的创始人之一。1943—1945年他主持工作期间，营造水土保持林，修筑一些侵蚀沟谷坊和坡地沟洫梯田工程，河谷滩地柳篱卦淤，农田垅作，种植牧草，初步控制了水土流失，并陆续招聘了叶培忠、蒋德麒、任承统等一批水土保持领域杰出的专家学者，成立了中国最早期的水土保持科研队伍。在这里也诞生了全国第一个水土流失径流观测场——梁家坪径流场、第一个小流域综合治理试验区——大柳树沟综合治理试验区，带动了黄土高原水土保持野外科学实验研究的蓬勃发展，随后在1951年、1952年，西峰站和绥德站也相继建立，与天水站一起，形成了西北地区特色鲜明的水保三站。三站的建立，为黄土高原水土保持科学实验的开展创造了条件，培育了一大批水保科技人才，为黄土高原乃至全国水土保持事业的发展作出了巨大贡献。

图4-16　李仪祉

图 4-17 西北考察团部分成员合影

三、王化云谋篇布局

王化云是人民治黄历史上最为重要的人物之一，是中国共产党的首任河官，人民治黄机构的第一位领导人。王化云潜心治理黄河长达四十年之久，他的勤奋钻研使他从治理黄河的外行迅速成为一位治黄专家（图 4-18）。

中华人民共和国刚刚成立，许多人对黄土高原水土流失治理的感性认识都没有。王化云同志十分重视水土保持工作，在20

图 4-18 一代河官——王化云（李兆虬 绘）

世纪 50 年代初，组织专家团队在黄土高原开展全面勘查工作，将黄土高原按照不同地貌类型分布和土壤侵蚀强度划分成九大类型区，确定面积达 26.4 万 km² 的黄土丘陵沟壑区和黄土高原沟壑区是黄土高原水土流失最严重的地方。

1954 年 11 月，黄河水利委员会在郑州召开了陕、甘、晋三省水土保持工作会议。时任黄河水利委员会主任的王化云会后综合参会代表意见和自己几年来通过实地考察形成的看法，向水利部写了《关于进一步开展水土保持工作的报告》，提出了水土流失区的治理意见，倡导黄土高原水土保持工作应该在"综合开发，大力开展，因地制宜，稳步前进"的方针指导下进行，要根据丘陵沟壑区、高塬沟壑区、石山区、风沙区等地区的不同特点，分区施策。这些建议和意见，在后来的水土保持治理工作中都起到了纲领性的指导作用。

四、苦心求索多沙区

长期的治河实践告诉人们，解决黄河问题的根本出路在于治理黄河中游地区严重的水土流失。具体问题包括：中游哪些区域的水土流失最为严重，哪里产生的泥沙对黄河下游河道淤积的影响最大，哪些地区应该优先重点治理？中华人民共和国成立后，许多水利专家和治理黄河工作者为了寻找这些问题的答案进行了艰辛探索。直至 20 世纪 70 年代末，以清华大学钱宁为首的水利科学家们对黄河多沙粗沙区的研究有了重大突破。

钱宁（图 4-19）是著名的河流泥沙研究专家，1955 年，他在美国加利福尼亚州立大学获得博士学位后，毅然舍弃国外优裕的生活和工作条件，克服重重困难，回到祖国投身于祖国的水利建设中。20 世纪 70 年代，他多次带队对黄河下游河道、三门峡水库库区和黄土高原水土流失区进行现场查勘，通过对查勘结果的大量分析研究，钱宁等认为，黄河中游地区存在粗泥沙比较集中的产沙区，这些粗泥沙对于导致黄河下游河

图 4-19　著名的河流泥沙研究专家钱宁

道产生淤积的危害最为严重，应重点控制。

1979 年，钱宁进一步深化了黄河粗泥沙来源区的研究，他提出，黄河中游大于 0.05mm 的粗泥沙产沙区主要集中在皇甫川至秃尾河等各支流的中下游、无定河中下游及白于山河源区。在钱宁先生的前期思路的基础上，黄河水利委员会高级工程师龚时旸、熊贵枢具体划定了粗泥沙的分布范围，"黄河中游多沙粗沙区面积为 10 万 km^2，应作为水土保持工作的重点"，被认为是"治理黄河认识上的一个重大突破"。

1996 年和 1997 年，"黄河中游多沙粗沙区区域界定及产沙输沙规律研究"先后被列为黄河水利委员会水土保持科学研究基金项目和水利部科技计划项目。经过 4 年的潜心研究，采用多沙、粗沙二重性原则，界定了 7.86 万 km^2 的多沙粗沙区，面积占黄河中游面积的 22.8%，产生泥沙占中游输沙量的 69.2%，产生 0.05mm 以上的粗泥沙占中游粗泥沙总量的 77.2%。2002 年 7 月 14 日，国务院批复的《黄河近期重点治理开发规划》中，确定将 7.86 万 km^2 多沙粗沙区作为水土流失治理的重点地区。

黄河中游多沙粗沙区来源区的探索，凝结着几代水利科学家矢志不渝潜心研究的心血，是各有关方面专家学者共同智慧的结晶。它为黄土高原水土流失分区治理、突出重点的治理策略提供了重要的科学依据。

五、集中靶心粗沙源

7.86 万 km^2 多沙粗沙区的确定，明确了黄土高原水土流失治理的重点区域。然而，相对于 45.4 万 km^2 的黄土高原水土流失面积，这 7.86 万 km^2 的治理范围对国家投资强度而言仍明显偏大，且该区域的分布也并不集中，在黄土高原千沟万壑之中，分散治理效果也很微弱。

为了把国家有限的投资用在刀刃上，2004 年 1 月，在时任黄河水利委员会主任的李国英组织专家实施了"黄河中游粗泥沙集中来源区界定研究"工作，经过科技攻关，徐建华等专家将粗泥沙集中来源区锁定在 1.88 万 km^2 的范围内。该区域涉及三大片 9 条支流，第一片位于皇甫川至佳芦河区间，第二片在无定河、芦河、大理河、延河和清涧河上游一带，第三片在无定河下游。这 1.88 万 km^2 是黄河中游粗泥沙集中来源区，其产沙量达 4.08 亿 t，占黄河来沙总量的 22%，其中粒径 0.1mm 的粗泥沙占 54%。粗泥沙集中来源区的界定，为此后黄土高原水土流失治理找到了对症施策的靶心（图 4-20）。

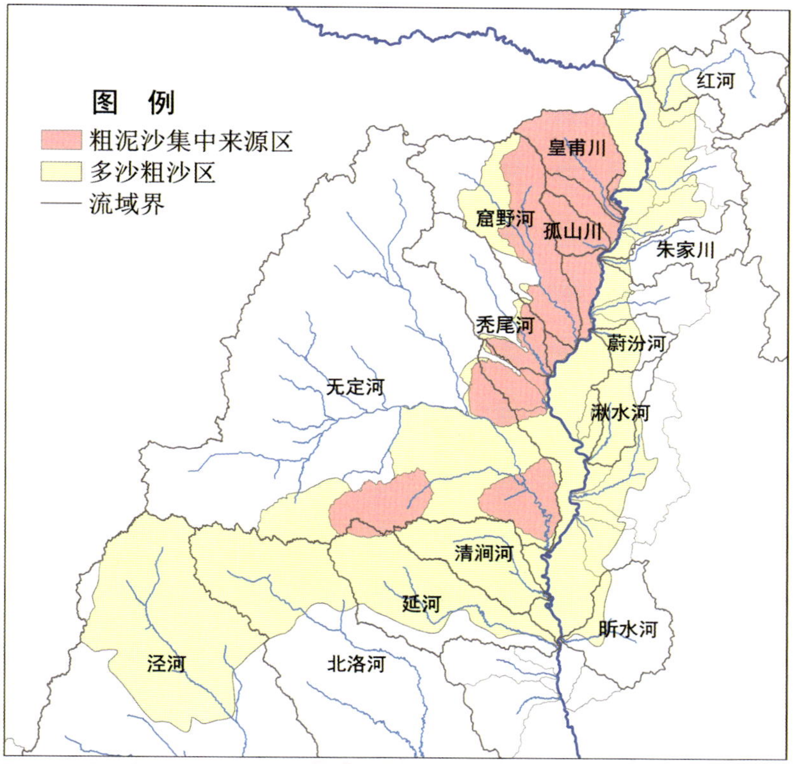

图 4-20 黄河中游多沙粗沙区和粗泥沙集中来源区

第四节　多措并举齐发力

  黄土高原的生态环境脆弱，水土流失严重，土壤侵蚀类型多样，不同的区域面临的生态问题各有不同，没有任何一种措施可以解决黄土高原的所有问题。为了能让这块曾经养育了中华民族，因而饱经风霜的土地重新焕发生机，一代代治黄工作者从历史中求经验、在实践中找办法、与群众谋智慧、向科学寻支撑，摸索出了一系列针对黄土高原不同地区生态环境特征的治理措施，多措并举，对症下药，使黄土高原的生态得以恢复。

一、防风固沙阻荒漠

黄土高原的风沙,主要来自北部鄂尔多斯地区的两大沙漠——毛乌素沙漠和库布齐沙漠,森林覆盖率只有3%,是黄土高原最大的风沙源。沙障固沙、植物防风固沙、引水拉沙造田是黄河流域风沙治理的主要措施,一般做法是:以沙障固沙为先导,以植物固沙为主体,有条件的地方引水拉沙造田,使沙漠变害为利(图4-21)。

植物防风固沙手段主要为造林种草、构建防风固沙林带和农田防护林网。中华人民共和国成立以后,尤其是1978年,为防止"三北"地区免受风沙侵害和水土流失,大量建设农田防护林网,我国启动了"三北"防护林工程,当地群众在沙漠前沿流动沙区采取封沙育草和成片固沙造林,形成了带、片、网结合的防护林体系,才从沙漠口中夺回了万亩良田(图4-22)。

图4-21 草方格固沙

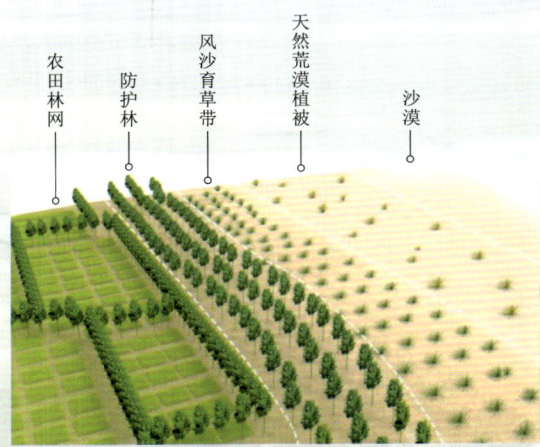

图4-22 西北绿洲边缘水土流失治理造林模式

引水拉沙造田是在水分条件稍好的沙漠地区开展的一项治沙措施,主要是利用河流、海子或水库的水源,自流引水或机械抽水进入沙丘,利用水流冲沙拉沙,削平沙丘,建设良田(图4-23)。毛乌素沙漠的"消失",引水拉沙的作用便功不可没。毛乌素是"人造沙漠",成形不过上千年的历史。名城古镇陕北榆林,历史上曾被毛乌素沙漠逼得"三迁",自1959年以来,人们大力兴建防风林带,引水拉沙，引洪淤地，开展了改造沙漠的巨大工程。到了21世纪初，已经有600多万亩沙地被治理，止沙生绿。80%的毛乌素沙漠得到治理，水土也不再流失，黄河的年输沙量足足减少了4亿t（图4-24）。

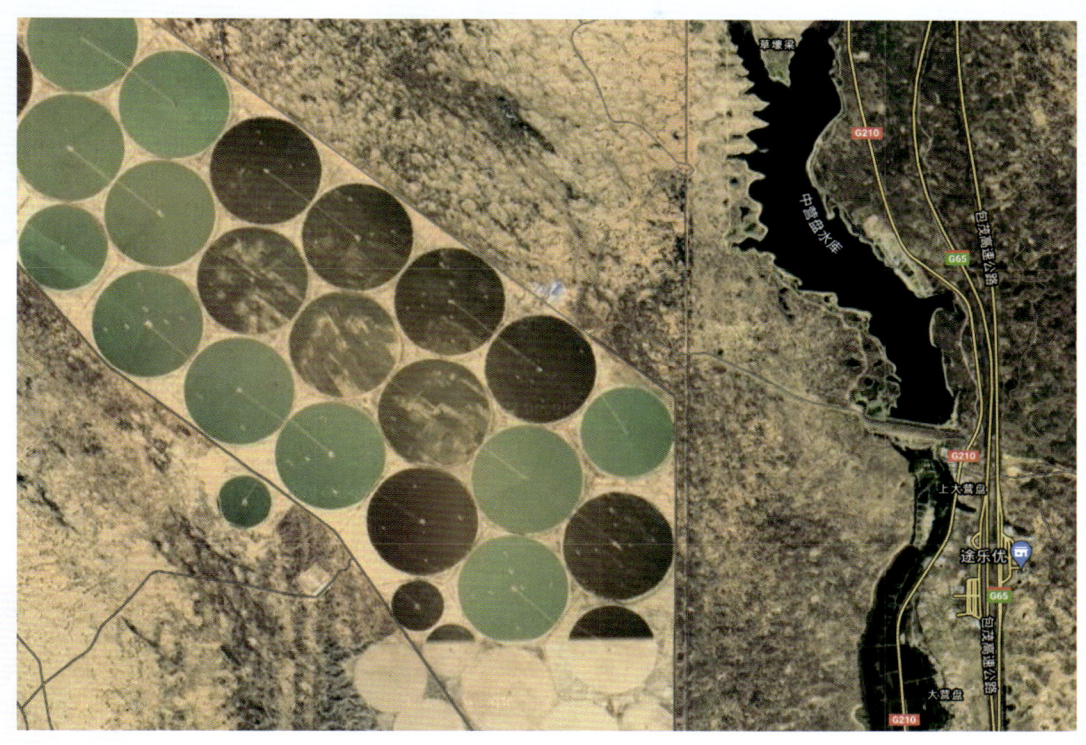

图4-23　引水拉沙造田和指针式节水灌溉

图4-24　毛乌素沙漠治理前和治理后对比图

二、固沟保塬筑防线

黄土塬是黄土高原土层最厚的地区，土地肥沃、地势平坦，因为其具有宜耕、宜农、宜居的特性，一直是黄土高原重要的经济、文化和行政聚集区。以董志塬为例，就一直流传着"八百里秦川，顶不过董志塬的一个边"的说法。

整个黄土高原地区，黄土塬面积约为 6.5 万 km^2，占黄土高原总面积的 10% 左右。黄土塬根据其面积大小和破碎程度，可分为黄土大塬、黄土台塬、黄土梁塬和黄土残塬四种不同类型。黄土大塬顾名思义其面积较大，塬面宽阔，面积从几十到几百平方千米不等，典型的有董志塬、洛川塬等；黄土大塬总面积约为 28200km^2，占整个塬面面积的 43%（图 4-25）。

图 4-25　黄土大塬、黄土台塬、黄土梁塬和黄土残塬及其在黄土高原地区的空间分布图

由于黄土高原持续不断的侵蚀作用，黄土塬区面临着沟道溯源侵蚀剧烈、塬面破碎化和分解的问题。以董志塬为例，历史时期董志塬南北最长处110km，东西平均宽约50km，经过1300多年自然和人类活动的影响，董志塬被蚕食面积达90多万亩，年平均蚕食约690亩，南北长剩89km，东西最宽仅剩18km，最窄处不足50m，许多区域随时都有腰斩和消失的危险，严重威胁城镇和人们生产生活的安全。

中华人民共和国成立以来，国内从事水土保持工作的专家、学者加强了塬面侵蚀的研究，得出了"高塬沟壑区67.4%的径流来自塬面、86.3%的泥沙来自沟谷，塬水下沟后所增加的侵蚀量占流域总侵蚀量的77.9%"的科学结论。根据这一结论摸索出了一套"固沟保塬"的治理方针，即"塬面修建条田和沟头防护工程；沟坡整地造林，发展果园，种植牧草；沟道修建拦蓄工程，营造防冲林"三道防线综合治理模式（图4-26）。以甘肃庆阳南小河沟为例，通过近60年的水土保持建设和治理，已将这条36km²的小流域建设成了黄土高原小流域综合治理的样板工程，被誉为"黄河中游上的一块翡翠"。

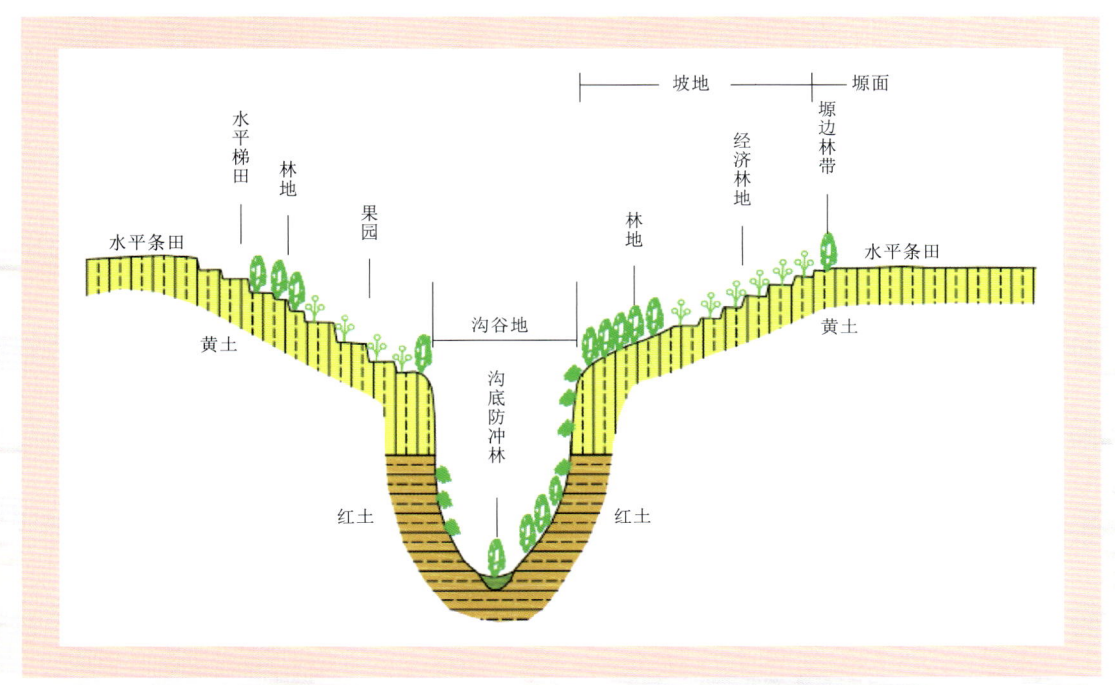

图4-26 黄土高塬沟壑区三道防线布设示意图

三、旱作梯田保水土

黄土高原的坡耕地是黄河泥沙的重要来源地。梯田是在坡地上沿等高线方向修筑的条状台阶式或波浪式断面的田地，由于是分级分阶修建，大大阻断了坡面径流流路，从而减缓水流对土壤的冲刷作用，是黄土高原最重要的坡面水土保持措施之一。

20 世纪 60 年代，我国开始在黄土高原大量修建梯田，据 2018 年全国水土流失动态监测数据显示，黄土高原现有梯田 368.97 万 hm^2，主要分布在甘肃省黄河流域及其邻近地区（图 4-27）。甘肃庄浪县的庄浪梯田，便是新一代梯田的典范。占据全县 90% 以上的沟壑纵横的黄土山地，在经过将近 60 年的治理，有 94.5 万亩被修成了平展的梯田。再加上配套修建水库、水窖、淤地坝等水利设施，以及覆盖地膜、修建日光温室、配套养猪场等方式，庄浪县从一片贫瘠的土地蜕变成蔬菜和肉产品的供应基地，并成为第一个"中国梯田化模范县"。

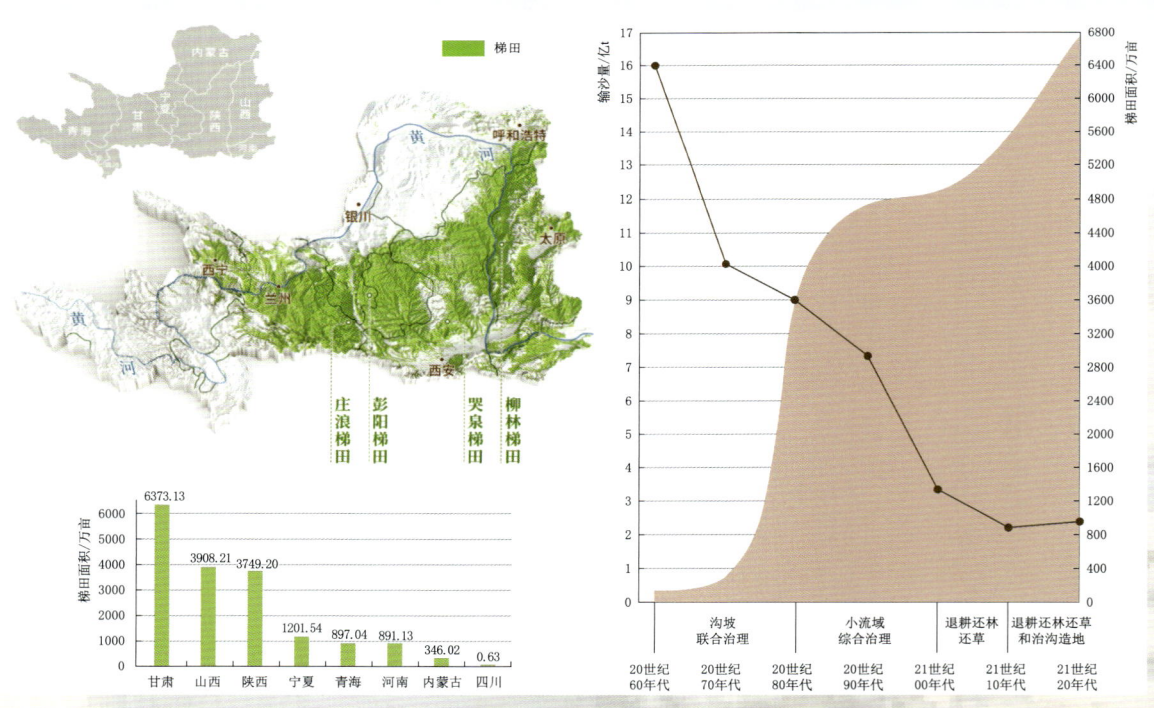

图 4-27　黄河中上游梯田的分布与历史演变

除了在庄浪，在黄河流域的很多地方，梯田都被用于水土流失的治理。在陕西铜川，当地人修建了宜君哭泉梯田；在宁夏固原，修建了彭阳梯田；在山西吕梁，修建了柳林梯田……经过几十年的努力，再加上其他配套措施，截至2012年，由于梯田建设，黄土高原的泥沙流失量较20世纪60年代以前减少了约5万亿t，如果将这些泥沙堆成高1m、宽1m的沙堤，可绕地球赤道8圈。这里固然贫瘠干旱，但是这里的人们却用梯田谱写了一首"改天换地"的壮歌。这些漫山遍野的旱作梯田，犹如黄土地上飞扬的裙裾，在四季更迭中变幻出绝美的风景，也讲述着生活在这片干旱高原上的人们用智慧和劳动改变命运的奇迹。

梯田的分布和类型

中国是世界上梯田分布最广泛的国家，在约20亿亩的总耕地面积中，超过1/4都是梯田。按照形成的时间，梯田可以分为两类：历史时期形成的梯田和近现代形成的梯田。前者主要分布在江南山岭地区，后者分布在北方山地中。黄土高原的梯田就属于后者。南北梯田存在很大的差异，南方梯田是依托降水多、温度高等自然条件，在人力作用下长期建设形成的，坡陡田窄，多采用引流灌溉的方式培育水田作物，如著名的哈尼梯田；北方梯田主要是在干旱、水土流失等自然条件下，靠人力和机械在近几十年新修建的梯田，坡缓田宽，种植植物以旱作田物为主，如著名的庄浪梯田。根据修建方式，梯田又可以分为水平梯田、隔坡梯田、坡式梯田、反坡梯田、复式梯田等（图4-28）。

四、退耕禁牧还林草

由于早期的过度开垦和轮耕，地力下降，黄土高原留下了很多无人问津的撂荒地。失去了人类的管护，这些土地成了水土流失最严重的地区。其中一部分适宜耕作的地区在梯田措施的作用下得以改善，但还有很大一部分不适宜耕作的地方依然饱受黄土高原狂风暴雨的摧残。1999年，国家全面启动了退耕还林还草工程，明确规定"山区25度以上的坡耕地要有计划有步骤地退耕还林还牧，以发挥地利优势"，给这片土地带来了绿色福音。

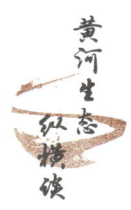

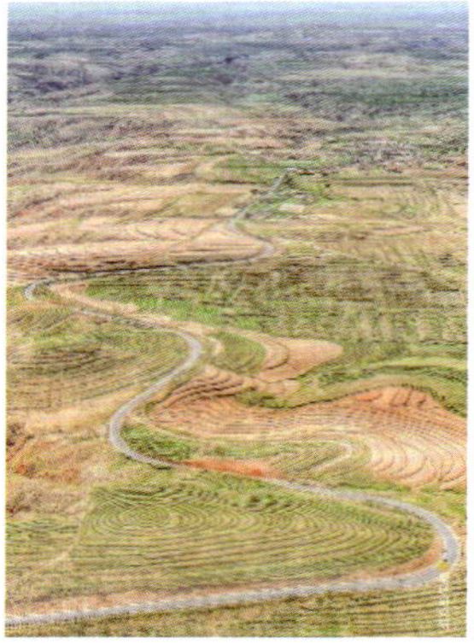

庄浪梯田

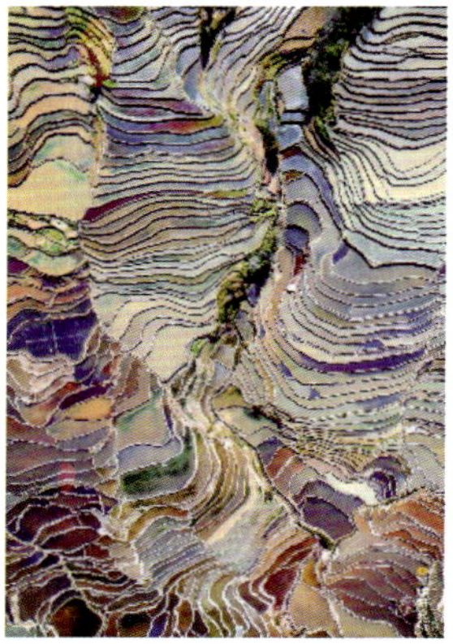

哈尼梯田

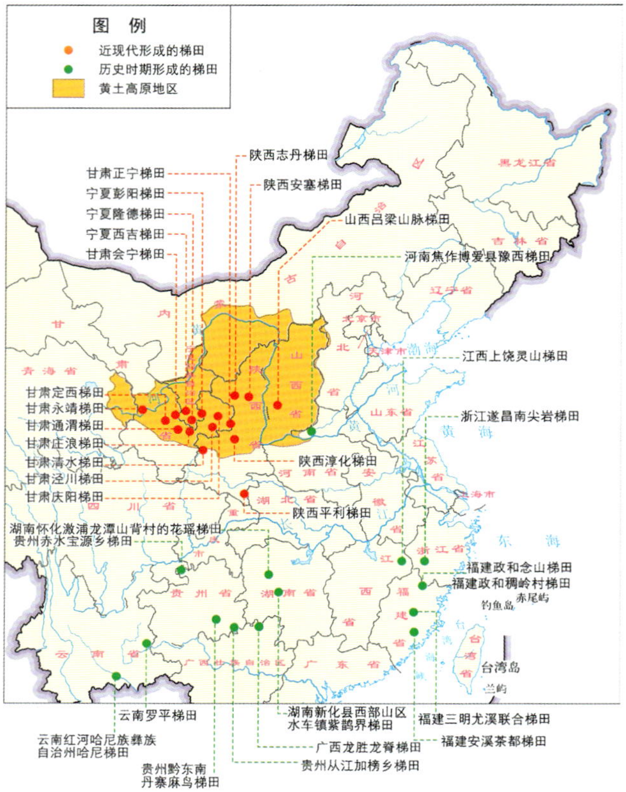

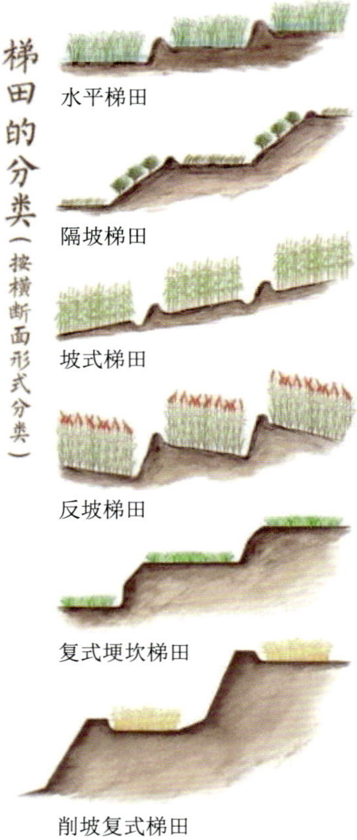

图 4-28　我国梯田的分布和类型

退耕还林还草工程是构建人与自然生命共同体最具标志性的世界重点生态工程，在黄土高原实施的短短的 20 年间，绿色便从这片黄色的土地逐渐铺展开来。俯瞰黄土高原，昔日的那条绿色生命线正沿着“忻州—吕梁—临汾—延安—庆阳—固原—定西”一线，不断向西北移动了 300km，已到达了“包头—鄂尔多斯—榆林—中卫—白银—兰州”一带。黄土高原绿色生命线的西进北上带来的是黄土高原生态环境的总体改善，植被覆盖率显著增加，从 1999 年的 31.6% 提高到 2017 年的约 65%（图 4-29）。退耕还林面积最

大的是陕西省，经过20年的治理，境内黄河流域植被覆盖度达到60.68%，年均入黄泥沙量已从2000年之前的超8亿t降至2000年以后的平均每年约2.7亿t。原本有着"驼城"之称的榆林，森林覆盖率从0.9%提高到如今的34.8%，成为全国首个干旱半干旱沙区国家森林城市。

黄土高坡里的农民栽下的不仅是生态树，也是"摇钱树"。苹果、核桃、红枣、花椒……因地制宜的特色经济林和林下经济，成为各

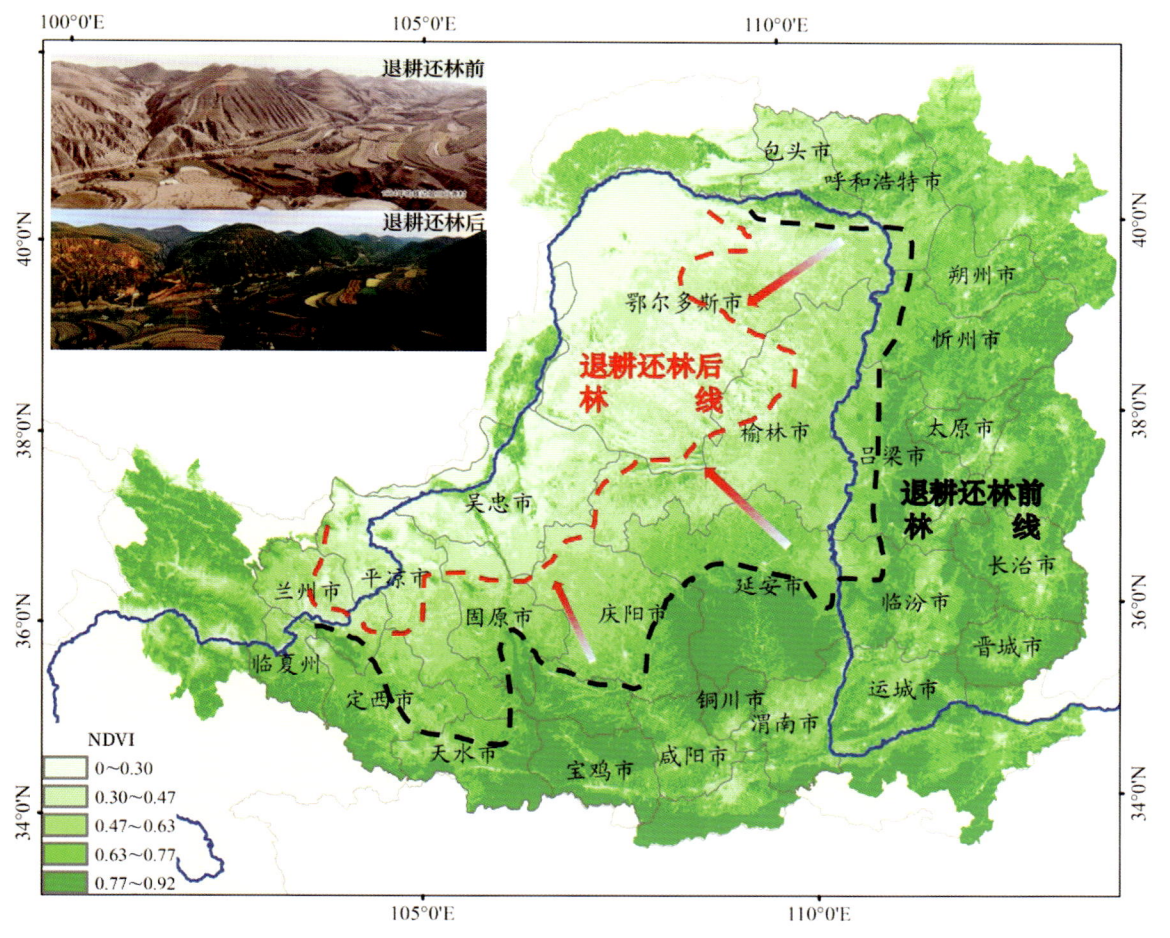

图 4-29 退耕还林前后黄土高原植被变化

地退耕还林、推进乡村振兴的重要一招。依托退耕还林还草培育的绿色资源，各地还大力发展观光旅游、休闲采摘、森林康养等新型业态。昔日上山放羊的村民已在家门口吃上了"旅游饭"。如今的黄土高原，已不再是单调的黄色，在一片绿色的晕染下，正展现着一派生机勃勃的景象（图 4-30）。

造林多多益善？

对于水土流失问题依然严峻的黄土高原地区来说，树种得越多越好吗？众所周知，在退耕还林之前，黄土高原植被稀疏，裸露的黄土直接暴露在外，容易被风雨侵蚀，造成水土流失。从这些角度来说，植树造林确实有利于水土保持和水源涵养。但是，仅从水土保持学的角度分析植树造林的功效是不行的，它忽视了一个植被生理学角度的问题：树不光能够保水，在它生长过程中还会消耗水资源。研究表明，黄土高原地区造林对降水的影响很小，不足以补偿蒸散发对水资源的消耗，因此，植树造林对该地区水资源造成了较大压力。

图 4-30　生机勃勃的黄土高原

既然如此，那黄土高原地区就不造林了吗？当然不行，黄土高原生态环境并没有完全好转，水土流失依然严重，植树造林，功在当代利在千秋，不能因噎废食。所以，造林不是问题，关键是要在造林前搞清楚应该种什么树、种多少、怎么种的问题，衡量好植树造林对水资源的影响（图4-31）。

图4-31　小老头树

五、淤地造坝减泥沙

淤地坝是黄土高原区人民群众在长期同水土流失斗争实践中创造的一种行之有效的既能拦截泥沙、保持水土，又能淤地造田、增产粮食的水土保持工程措施。最早的淤地坝是自然形成的，被称为"天然聚湫"，后经人工整修，代代传承演变成现在的淤地坝。

淤地坝（图4-32）一般都修建在沟道或河道较窄处，由坝体、溢洪道和放水建筑物"三大件"构成，所淤泥沙主要来自上游流域暴雨径流等对表土及沟道的侵蚀。按照库容的大小，淤地坝可分为大、中、小三种类型：库容为50万～500万 m^3 的称为大型淤地坝，或称骨干工程、骨干坝；库容为10万～50万 m^3 的称为中型淤地坝；库容小于10万 m^3 的称为小型淤地坝。黄土高原沟道侵蚀量巨大，受库容限制，单坝的拦沙效应非常有限，所以淤地坝一般不会独立存在，通常会以小流域为单元，在沟道内修建多种坝，形成由骨干

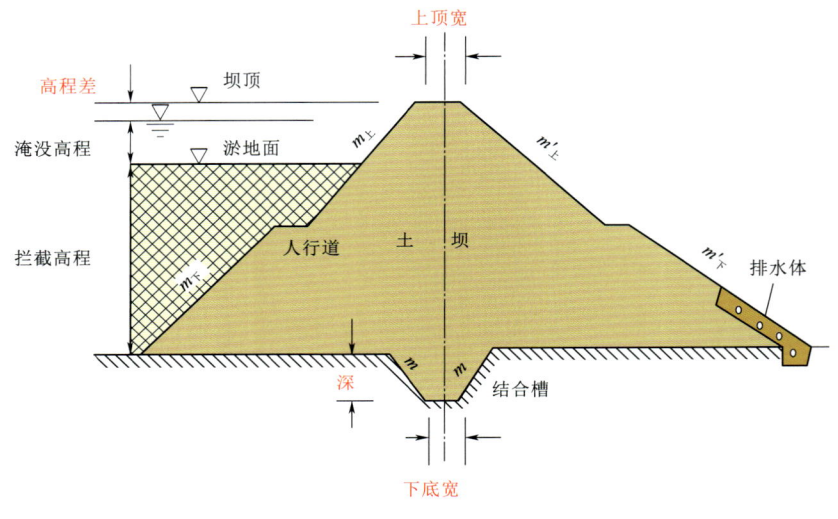

图 4-32 淤地坝的基本构造和纵剖面示意图

坝、中型坝、小型坝枢纽组成的拦泥生产、防洪灌溉相结合的坝库工程体系，起到逐级拦排、系统调控的作用。

经过几十年的建设，截至 2021 年，黄土高原地区共有淤地坝 58776 座，其中大型坝 5905 座、中型坝 12169 座、小型坝 40702 座，主要分布在陕西、山西、内蒙古、河南、甘肃、宁夏、青海等省（自治区），其中陕西省和山西省的淤地坝占淤地坝总数的 80% 以上，陕北黄土丘陵沟壑区是淤地坝分布最为密集的地方（图 4-33）。据统计，黄河中游地区淤地坝的拦泥量可以达到水土保持措施总拦泥量的 66%～84%，减沙量占总减沙量的 60%～70%，淤地坝拦淤后，形成平坦的人造平原，粮食产量比坡地增产 3～10 倍，被当地民众誉为黄土高原的"钱袋子"。作为黄土高原拦泥保土的利器，未来，淤地坝将会继续在这片土地发光发热，为再造黄河流域秀美山川发挥举足轻重的作用。

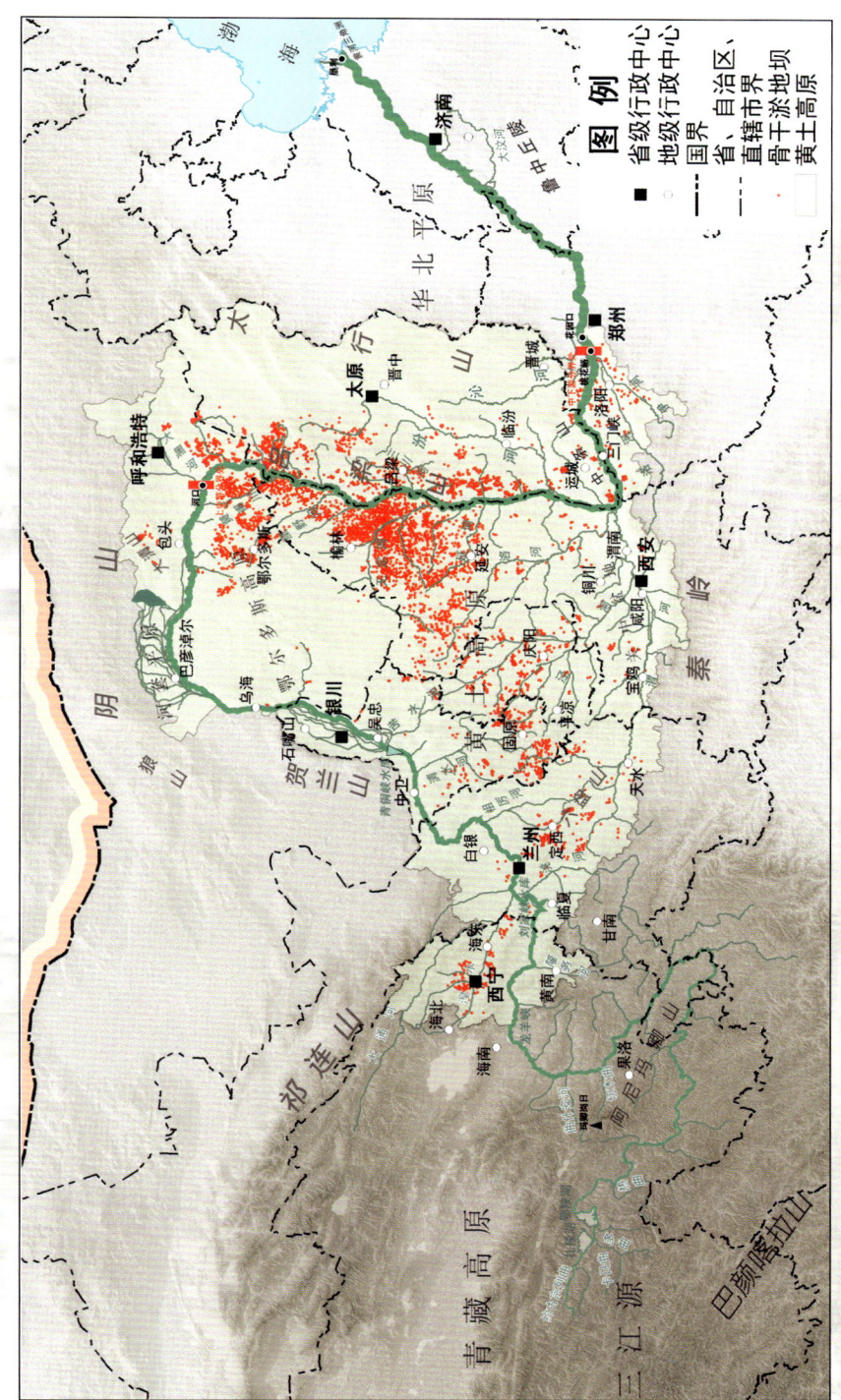

图 4-33 黄土高原淤地坝分布图

第五章 滩湖湿地 话共生

黄河出晋豫峡谷，进入黄河下游，浩荡的黄河水途经广袤的华北平原，于山东垦利注入渤海。黄河下游虽面积狭小，却是黄河流域人水矛盾最为剧烈的地区，其典型生态系统主要包括滩区生态系统、北金堤滞洪区生态系统、东平湖生态系统、河口三角洲湿地生态系统。滩区生态系统人水关系复杂，有乡镇居民区、农田、林地、湿地等各类生态系统交织其间，发挥着最重要的行洪滞洪沉沙功能。北金堤和东平湖两大滞洪区不仅是黄河下游防洪安全重要的保障措施，也是维系华北平原生态安全的重要生态屏障。黄河三角洲是暖温带最广阔、最完整的原生湿地，其咸淡交织的独特生境为众多野生动物尤其是东亚到澳大利亚和环西太平洋鸟类越冬迁徙、栖息和繁殖提供了理想场所，是全球主要江河三角洲最具重大保护价值的生态区域。在黄河下游的治理历程中，水沙变化和人水关系贯穿其中，主导着下游典型生态系统的演变方向，形成了如今的生态空间格局特征（图5-1）。

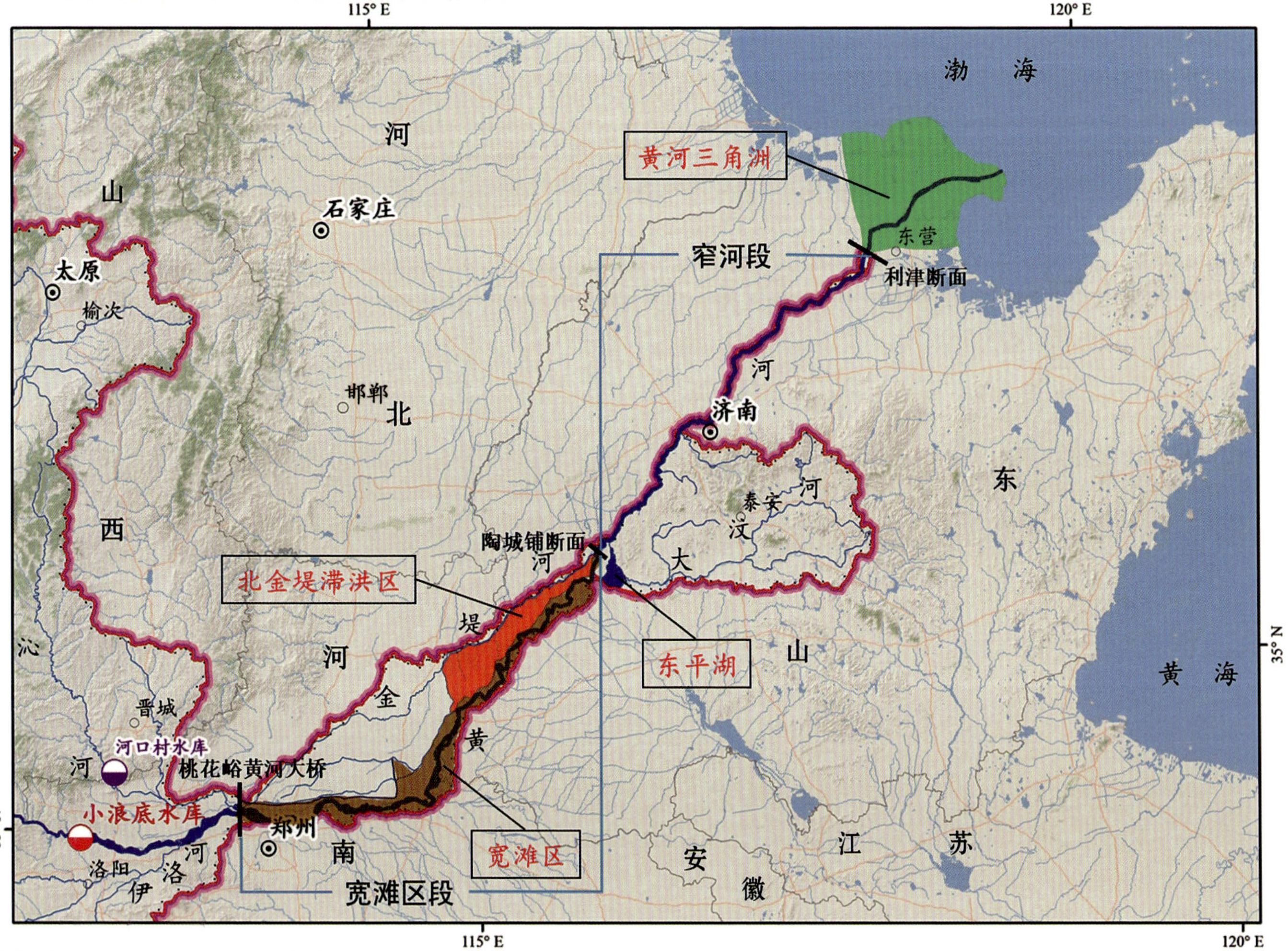

图 5-1 黄河下游滩湖湿地生态格局

第二节 功能交织的下游滩区

黄河下游滩区通常是指河南孟津至山东垦利河段（不含河口三角洲）主河槽以外至两岸大堤或洪水淹没线之间的区域，是下游河道的重要组成部分。下游滩区不仅是大洪水期行洪、滞洪、沉沙的场所，还是区内居民安居乐业的家园，同时还发挥着重要的生态廊道功能，是维持黄河下游健康生命的生态安全防线。多种功能交织彰显了下游滩区举足轻重的地位，但也是长期以来下游滩区人水矛盾的根源。党的十八大以来，滩区安全建设取得明显成效，下游滩区人水矛盾得到缓解，揭开了滩区群众避水安居的新篇章。

一、独特滩地举足轻重

黄河下游河道内分布有广阔的滩区，面积3154km²，占河道总面积的65%，涉及河南、山东两省14个地（市）的43个县（区），村庄1928个，滩区人口189.5万，其中河南黄河滩区人口124.65万，山东黄河滩区人口64.87万。下游滩区多由大堤、险工以及生产堤所分割，共形成120个自然滩。其中，面积大于100km²的有7个，面积为50～100km²的有9个，面积为30～50km²的有12个，面积在30km²以下的有92个。总体上，黄河下游河道具有上宽下窄的特征，京广铁路桥以下、陶城铺以上河段的滩区，堤距达5～24km，常被称为宽滩区（图5-2），而陶城铺以下堤距宽1～2km，习惯称其为窄河段。

下游宽滩区大洪水期滞洪削峰作用显著。黄河下游大洪水起源于暴雨降水，主要来自河口镇至龙门区间和龙门至三门峡区间（称为上大洪水，特点是洪峰高、洪量大、含沙量大）、三门峡至花园口区间（称为下大洪水，特点是洪峰高、涨势猛、洪量集中、含沙量小、预见期短）。小浪底以下的铁谢村到高村是游荡性河道，高村到陶城铺是过渡性河道，这两个河段都是二级悬河最突出的"豆腐腰"河道，一旦洪水漫滩，极易出现"横河""斜河"，甚至发生顺堤行洪，对大堤安全造成严重威胁。黄河若向北决口将打乱海河水系，向南决口将打乱淮河水系。由于多泥沙特性，洪水泥沙所到之处，淤塞河渠，良田沙化，将造成巨大的生态灾难。中华人民共和国成立以来发生的三次花园口洪峰流量大于15000m³/s的大洪水过程，花园口至孙口河段的平均削峰率达到34.7%，大大降低了孙口以下河段的洪峰流量，在保护两岸免受洪水灾害方面发挥着重要的安全屏障功能（图5-3）。

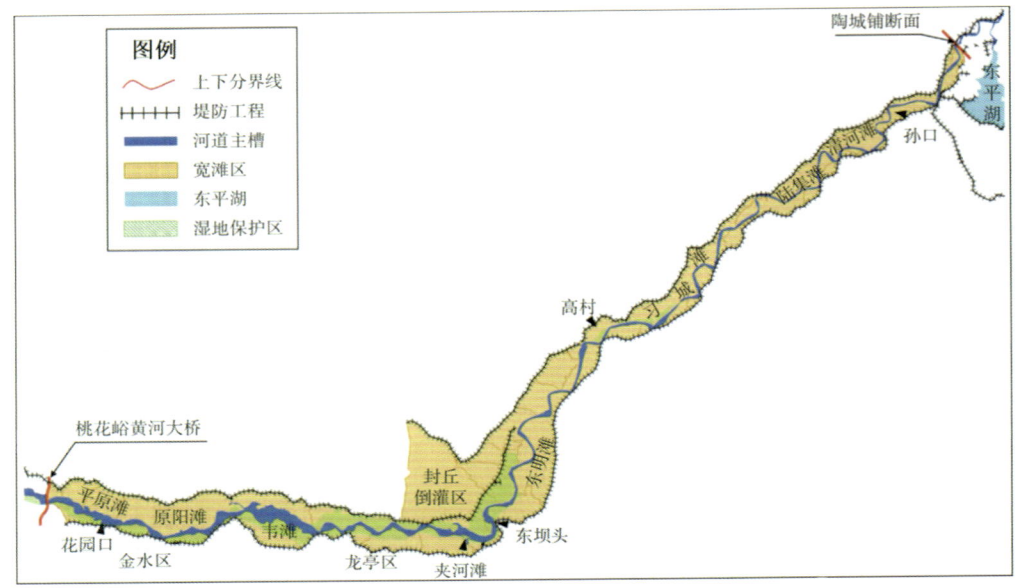

图 5-2 黄河下游宽滩区范围

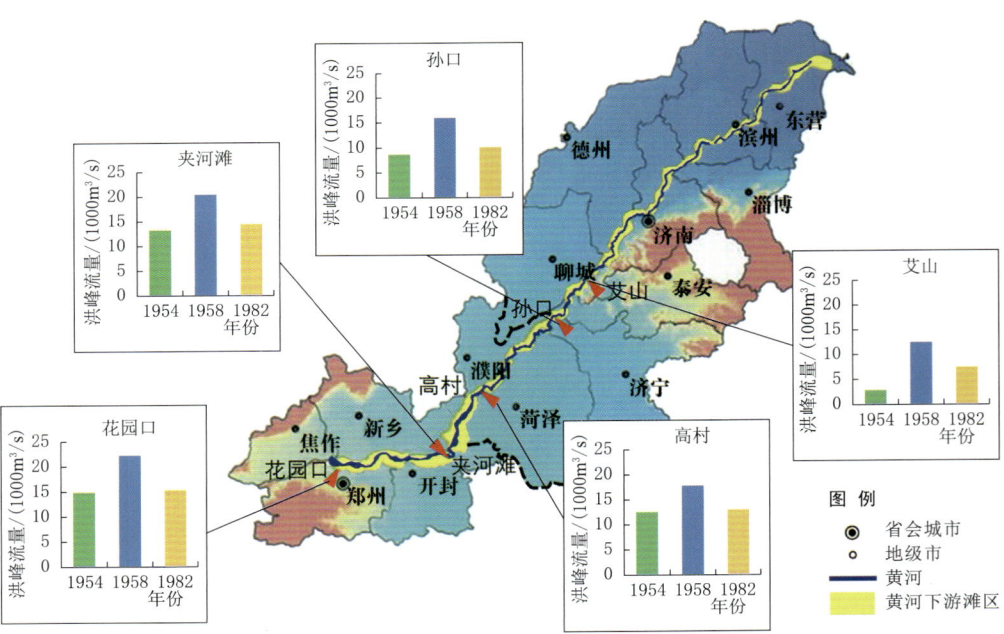

图 5-3 中华人民共和国成立以来下游三次大洪水削峰效果

下游洪灾引发的黄泛区生态问题

黄河下游两岸平原人口密集,城市众多,铁路、公路纵横,能源等工业基地广布,也是全国重要的商品粮基地。如果北岸原阳以上或南岸开封附近及以上堤段发生决口泛滥,影响人口将超过2300万,影响耕地面积将超过247万hm^2,直接经济损失将超过1000亿元。除直接经济损失外,洪水泥沙将对黄泛区生态造成毁灭性的破坏,如大量群众牲畜伤亡、泥沙淤塞河渠、良田沙化等,对经济社会发展和生态环境造成的不利影响长期难以恢复(图5-4)。例如,1938年,国民党政府为阻止日军西侵,扒决了花园口黄河大堤,洪水挟带大量泥沙进入淮河,淤塞河道与湖泊,致使淮河流域连年发生水灾;洪水泛滥,豫东大地饥荒连年、饿殍遍野,造成5400km^2的黄泛区,形成了"百里不见炊烟起,唯有黄沙扑空城"的凄惨景象。

图5-4 20世纪60年代黄泛区沙尘暴

黄河下游滩区土壤沙化对农田生态环境的影响

黄河花园口断面多年平均天然径流量为559亿m^3,实测进入黄河下游的多年平均水量为470亿m^3,进入黄河下游河道的泥沙,年平均为16亿t,平均含沙量为35kg/m^3,其中约4亿t堆积在下游河床中。泥沙测验资料表明,进入黄河下游河道大于0.05mm的泥沙仅有43%输送到利津断面以下,57%淤积在黄河河道中,而这些

0.05～0.5mm 粒径的泥沙，一旦河床断流，在河床沙层干燥的情况下，特别是在冬春季节，很容易被风力吹扬搬运，并堆积成沙丘。野外观测资料表明，0.05～0.5mm 粒径的泥沙地表，当地表上空 2m 高度处的风速达到 4～5.6m/s 时，便可使沙粒启动，从而形成风沙流，导致沙丘的发育。黄河下游河道高悬于两岸耕地之上，黄河含沙量高、颗粒细，使得历史上的黄泛区和现今的黄河灌区"沙龙""沙岗"密集，冬春季干风季节，沙尘暴现象经常发生，土地沙化严重，给当地农业生产造成了极大的危害，也严重地影响了当地的人们生活和身体健康，局部气候干燥，疾病传播，生态物种退化（图 5-5）。

图 5-5　焦裕禄带领兰考人民治沙

肥沃土地为滩区居民繁衍生息提供了生存基础。由泥沙长期沉积形成的下游滩区土壤深厚，肥力也较高，加上地形平坦、光照充足、水利条件好，在历史上生产条件优于淤背区，也因此成为广大滩区居民赖以生存的场所。随着下游引黄灌区建设的持续推进，滩区耕地面积不断增加，达到 380 多万亩。以此为基础，黄河下游滩区形成了以农业为主的产业结构，发挥着保障滩区经济社会发展、居民生活生产稳定的作用（图 5-6）。

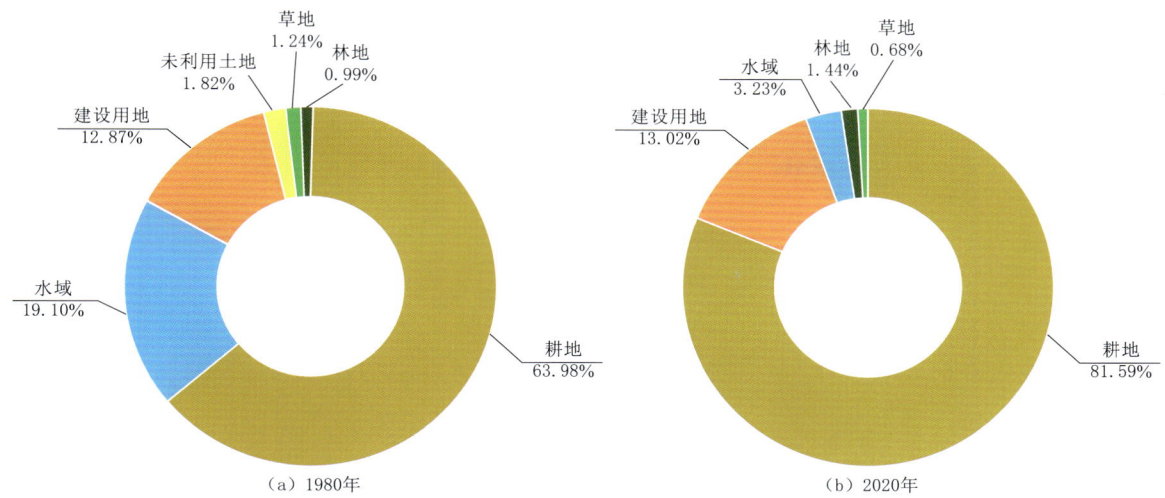

图 5-6　1980 年和 2020 年黄河下游宽滩区土地利用情况

独特的生态系统构筑维持着黄河下游健康生命的生态安全防线。经过长期的开发，老滩形成了以农田为主，分布有乡镇居民区、林地、草地、坑塘、沟道等生态类型丰富的人工生态系统，对滩区生态修复、居民生态环境维持有重要作用。两岸引黄灌区的运用使滩区农田、林草、坑塘、沟道等人工生态系统得到了良好的维持。嫩滩和二滩以自然湿地为主，为鱼类、鸟类、野生动物提供了适宜的栖息场所，对于黄河下游生物多样性保护具有重要意义。目前，黄河下游滩区建有国家级自然保护区 1 处、省级自然保护区 3 处。

黄河下游自然保护区现状

黄河下游依次分布有郑州黄河湿地省级自然保护区、河南新乡黄河湿地鸟类国家级自然保护区、开封柳园口湿地省级自然保护区、濮阳县黄河湿地省级自然保护区 4 个国家级、省级自然保护区（图 5-7）。

郑州黄河湿地省级自然保护区：2004 年 11 月 19 日经河南省人民政府批准建立。位于郑州市北部的黄河南侧，呈带状东西走向，长 158.5km，跨度 23km。郑州黄河湿地是河南省生物多样性分布的重要地带，湿地内物种繁多，生态系统类型多样，是河流湿地中最具代表性的地区之一，具有重要的生态学价值，是候鸟迁徙的重要停歇地、繁殖地和觅食地。保护区主要开展郑州黄河湿地生态环境和珍稀水禽保护工作。

河南新乡黄河湿地鸟类国家级自然保护区：前身为河南豫北黄河故道湿地鸟类国家自然保护区，始建于 1988 年，1996 年 11 月经国务院批准晋升为国家级自然保护

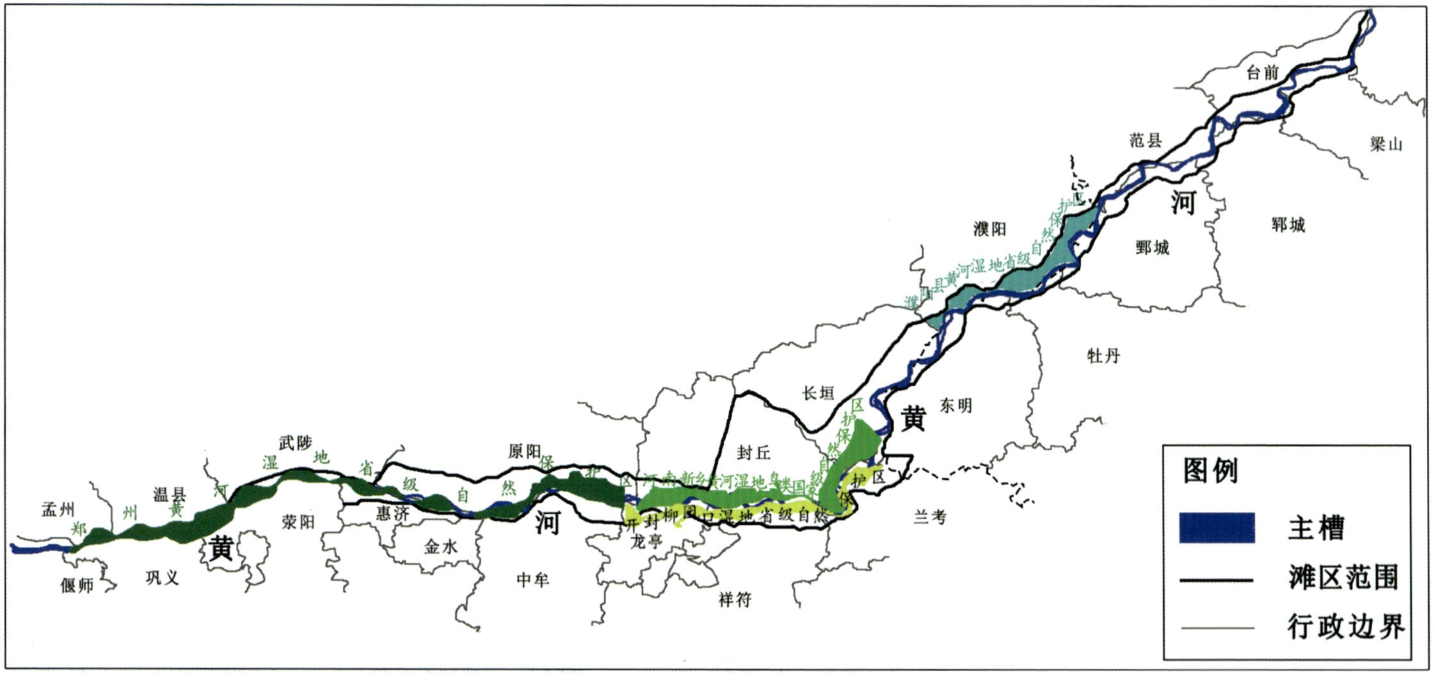

图 5-7 黄河下游自然保护区分布示意图

区。位于新乡市东南部,由封丘、长垣两县(市)组成,长70km,平均宽度为3.5km。属内陆湿地和水域生态系统类型的保护区,以保护湿地、水域生态系统和各类候鸟、涉禽、游禽、猛禽、鸣禽等鸟类及其栖息地、迁徙通道、生物多样性等为主。

开封柳园口湿地省级自然保护区:1994年经河南省人民政府批准建立。位于开封市北10km,西接郑州市中牟县,东至山东省,东西长60km,南北宽15.5km。属河道和滩涂湿地,是重要的鸟类越冬地和停歇地,以保护天鹅、鹤等珍稀水禽及其栖息地为主,是亚洲候鸟重要的越冬地和停歇地。

濮阳县黄河湿地省级自然保护区:2008年6月经河南省人民政府批准建立。位于濮阳县南部的西城乡、郎中乡和渠村乡等三个乡,东西依黄河形态呈带状分布,东西长12.5km,跨度3~12km。以湿地生态系统和其他生物多样性为主要保护对象。

二、人水混居复杂难治

下游滩区发挥着大洪水期行洪滞洪沉沙的功能,滩区居民为了保护农田村庄大量建设生产堤,对下游防洪也产生了深刻的影响。长久以来,滩区居民在与洪水的斗争中谋求着生存和发展。黄河下游滩区经济社会发展与黄河防洪安全之间的矛盾是当前滩区复杂难治的症结所在。

频繁的漫滩洪水制约了区内经济社会发展,对滩区居民生命财产安全造成严重威胁。1949—2002年,黄河下游滩区遭受不同程度的洪水漫滩30余次,累计受灾人口900多万,受淹耕地2600多万亩。洪水经过地势低洼处,往往造成大面积的土地盐碱化和土地沙化问题,严重影响耕地产量,对滩区群众的生产生活造成严重的影响。

黄河下游滩区一度是我国最贫困的地区之一。由于下游滩区防洪需要和用地管理要求,多年来滩区经济发展相对滞后,黄河下游滩区成为贯穿豫鲁两省的"沿黄贫困带"。2005—2015年,黄河下游滩区居民人均收入仅占当年河南省居民人均收入的一半、山东省居民人均收入的1/3。

生产堤的存废之争是滩区人水关系的集中体现。为保护房屋和耕地,滩区居民自发修建生产堤,对下游防洪造成了不利影响。生产堤修筑后,行洪河道束窄,主槽和嫩滩淤积严重,不仅使主槽过流能力大幅下降,还加剧了"二级悬河"的形势。在大洪水时,生产堤一旦决口，水流将直冲大堤，形成顺堤行洪的局面，严重威胁到大堤的安全。生产堤的存废一直是黄河下游滩区治理争论的焦点问题之一（图5-8）。

图5-8 洪水漫滩后的黄河滩区

黄河下游两岸土地盐碱化对农业生产的影响

由于长期引黄灌溉，沿河两岸自流灌溉区地下水位较高，浅层地下水矿化度较高，当发生黄河断流时，无法引黄灌溉，加上该地区气候干燥，蒸发量大，浅层地下水顺土壤毛细管上升，将盐分带到土壤表层，引起土壤的盐碱化。20世纪50年代，引黄灌溉初期，由于引黄灌区规划设计不合理，引黄排水渠道淤积，在短短的几年里，黄河下游发生大面积土地盐碱化，盐碱土地增加到2000多万亩。20世纪60年代初期，引黄灌溉被迫停止，开始对黄河下游盐碱土地进行了大范围治理，使得盐碱地面积大大减少，引黄灌区内盐碱地面积一度减少到500万亩。黄河下游发生严重干旱，引黄灌溉陆续恢复，由于灌水不合理，有些地方灌溉定额高达2000 m³/亩，而有些地方却灌不上水，使得次生盐碱化开始蔓延，到 90 年代初期，黄河下游引黄灌区盐碱地面积发展到 700 多万亩。尤其是在山东省的菏泽、聊城、德州等地区，农林作物的生长条件逐渐恶化，影响了本地区的农林业生产。

三、滩区迁建避水安居

人民治黄以来，国家投入了大量的精力进行滩区安全建设，从生产堤到避水村台，从控导工程到护滩工程，从引黄灌溉工程到滩区排水工程，在保护滩区群众生命财产安全上发挥了重要作用。随着全面小康战略、乡村振兴战略、黄河流域生态保护和高质量发展战略的陆续实施，下游滩区进行了新一轮大规模安全建设，滩区迁建有序开展，滩区群众的避水安居梦成为现实。

滩区安全建设政策不断优化。1957 年，基于对三门峡水库减淤效果的盲目乐观的认识，黄河下游滩区安全建设普遍以修建生产堤为主。1974 年，国务院从全局和长远考虑，提出废除生产堤，修筑避水台，实行"一水一麦，一季留足群众全年口粮"的政策。1996 年 8 月，花园口站洪峰流量达 7860 m^3/s，滩区几乎全部进水。国家开始加强滩区安全建设，实施了居民外迁、修筑避水村台和撤退道路等一系列措施（图 5-9）。

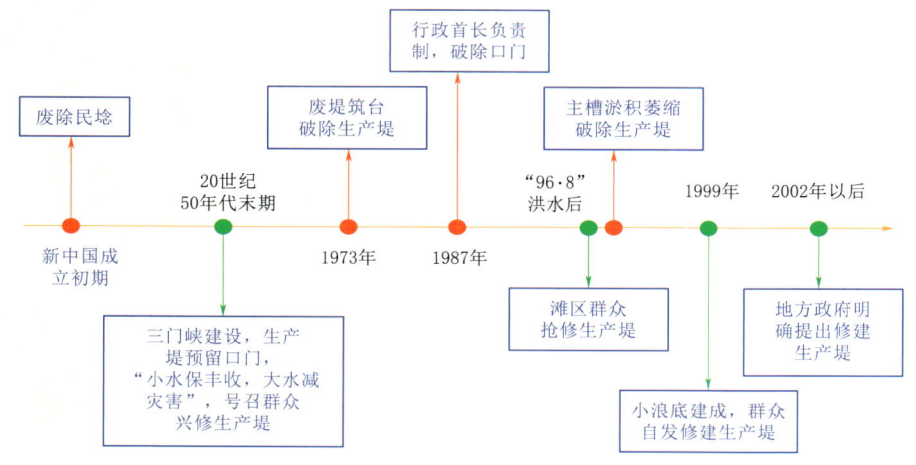

图 5-9 下游滩区生产堤政策沿革

滩区民生改善投资持续发力。1998年起，中央财政开始加大投资力度对黄河下游滩区进行开发与整治。2008年，中央进一步加大了黄河滩区与故道的整治力度。开发重点由早期"交通建设"转向"防洪泄洪"，然后转向"土地整治""农田治理"和"综合治理"，滩区交通、水利等基础设施建设逐步完善。2017年，党的十八大提出到2020年实现全面建成小康社会的百年奋斗目标，"沿黄贫困带"成为脱贫攻坚战的主战场之一，滩区农田水利、道路交通、水电气网等基础设施建设加快，乡镇政府和村集体投入建设增加，滩区经济社会发展有了新的面貌。

下游防洪保障体系功能凸显。小浪底水利枢纽工程建成投用以来，黄河下游河道主槽平均下降了2.6m左右，最小过流能力也由2002年汛前的1800m³/s提高到了2020年的5000m³/s，有力地保障了下游洪水不漫滩，为滩区人水关系和谐发展提供了安全基础。

图5-10 山东东平耿山口村迁建前后居住环境对比

滩区居民迁建工作成效显著。2017年8月，山东、河南两省分别印发了黄河滩区居民迁建规划。其中，山东省提出分类实施外迁安置、就地就近筑村台、筑堤保护、旧村台和临时撤离道路改造提升等五个举措，到2020年基本解决了山东省7市17个县60.62万滩区居民的防洪安全和安居问题。截至2021年5月，山东省累计投资372亿元，全面完成滩区居民迁建任务（图5-10）。河南省规划以集中安置为主，分散安置为辅，在2020年年底前将河南省黄河滩区地势低

（a）迁建前

（b）迁建后

洼、险情突出的 4 市 8 个县的 24.32 万人整村外迁安置。截至 2022 年 10 月，河南省黄河滩区居民迁建任务基本完成。2022 年 8 月，河南省印发《黄河滩区居民迁建后续发展产业就业帮扶行动方案》，助力滩区县域经济发展和乡村振兴，提升滩区自我发展能力逐步增强。

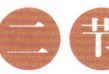 去留两难的金堤滞洪

北金堤滞洪区是黄河下游处理超标准洪水的重要设施，受国家蓄滞洪区政策限制，经济社会发展相对缓慢，成为落实"黄河流域生态保护和高质量发展""实现巩固拓展脱贫攻坚成果同乡村振兴有效衔接"等国家战略的困难区域。小浪底水利枢纽工程建成投用以后，黄河下游发生千年一遇、万年一遇洪水时，北金堤滞洪区的分洪压力变得更低。然而，三花间（三门峡—花园口区间）下大洪水依然是黄河下游面临的最大洪水威胁，一旦极端天气事件引发下游超标准洪水，北金堤滞洪区的战略功能不言而喻。发展与防洪的矛盾使北金堤滞洪区面临着去留两难的境地。

一、北金堤滞洪区的由来

北金堤滞洪区淹没范围涉及河南省新乡市的长垣、安阳市的滑县东半部，濮阳市的濮阳县、范县、台前县临黄堤与北金堤之间全部区域，山东省聊城市的莘县、阳谷县北金堤以南地区，总面积 2316km²，区内人口 209.86 万（其中河南省 208.30 万人、山东省 1.56 万人），耕地 229.7 万亩（图 5-11）。作为保留滞洪区，北金堤滞洪区原设计分洪量为 20 亿 m³，小浪底等五库联合运用后，千年一遇洪水分洪量约 1 亿 m³，万年一遇洪水分洪量约 7 亿 m³。

1951 年，考虑到出现超标准洪水时河南艾山口泄量限制，经专家反复论证，选定在河南长垣石头庄一带向堤外分洪，后经政务院批准，建立了平原省北金堤滞洪区。北金堤滞洪区开辟后，经历了停止使用、恢复使用和改建三个阶段。

1959 年，黄河几处大中型水库相继动工，下游也兴修拦河枢纽工程，大搞河道梯级

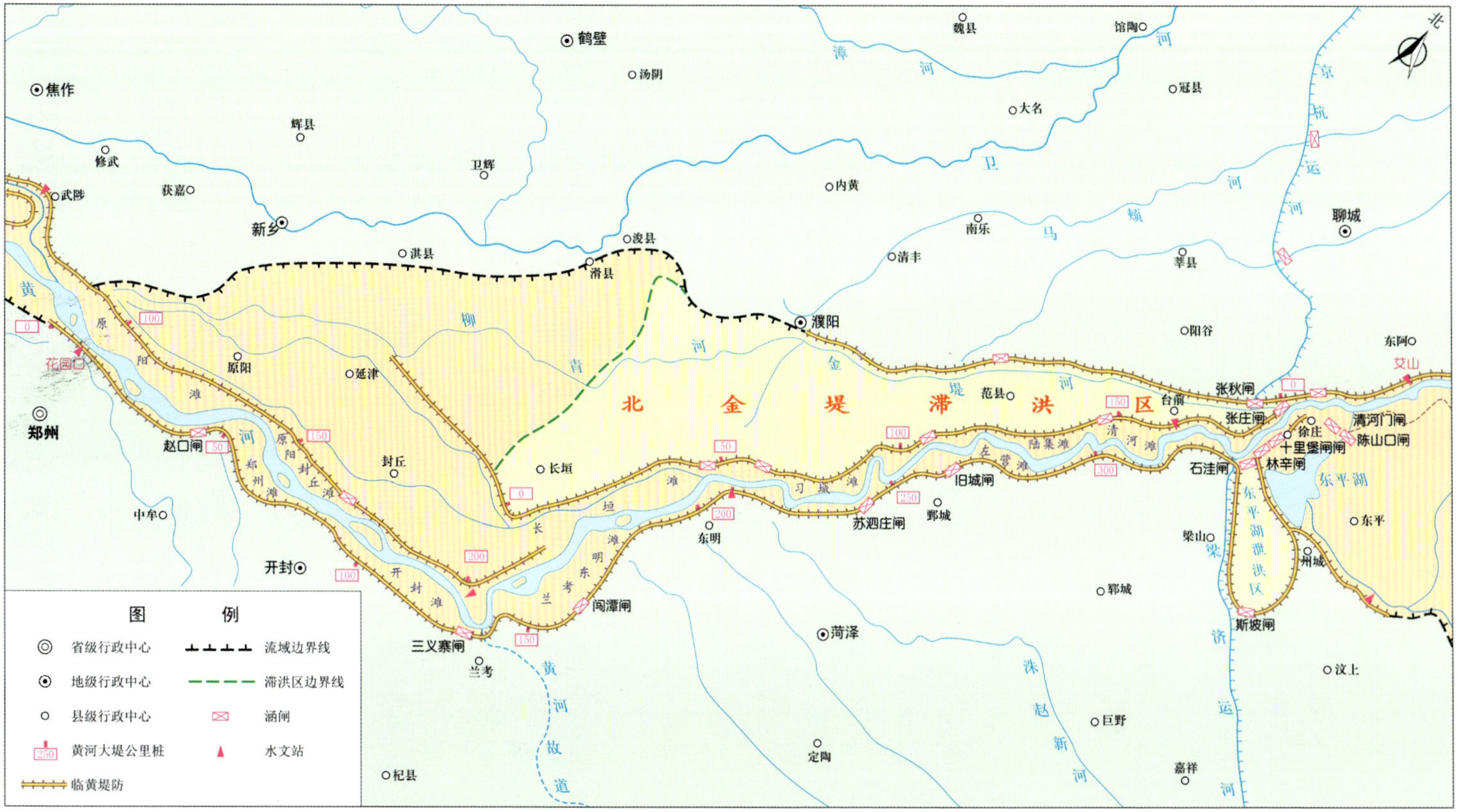

图 5-11 北金堤滞洪区范围示意图

开发，一部分人认为有大中型水库拦蓄和河道梯级开发，可使下游花园口 22000m³/s 洪水的标准减至 6000m³/s，滞洪已没必要，北金堤滞洪区停用。

1963 年，海河流域特大洪水使人们重新意识到，三门峡水库不能控制它以下的雨区，而三门峡至花园口之间的雨区产流较大，下游河道仍有超标准洪水发生的可能，滞洪的必要性仍然存在。1964 年 11 月开始，北金堤滞洪区恢复使用。

1975 年，淮河流域发生特大暴雨洪水后，黄河水利委员会经过暴雨洪水移置和综合分析后认为，在利用河南三门峡水库控制上游来水后，河南花园口站仍可能出现 46000m³/s 的洪水。因此，河南、山东两省和水电部联合向国务院提出北金堤滞洪区改建建议。后经专家论证，建立渠村分洪闸，分洪流量为 10000m³/s，于 1976 年开始实施。

此后，按照"迁安并举"和"以守为主，就近安置"的滞洪方针对区内避水撤退设施进行了规划，并于 1984 年开始逐步实施。1987 年之后进入建设完善和正常管理期。

二、滞洪生态发展的博弈

北金堤滞洪区为确保黄河安澜、保障京津冀安全作出了巨大牺牲。在黄河流域生态保护和高质量发展、乡村振兴战略大背景下，北金堤滞洪区在保障华北平原生态安全上的重要地位和承载数十万群众发展迫切需要的作用更加凸显，如何统筹滞洪、生态和发展之间的关系是北金堤滞洪区面临的主要问题。

（一）不可替代的滞洪作用

三花间（三门峡—花园口区间）下大洪水历来是黄河下游面临的最大洪水威胁。小浪底对三花间下大型洪水的控制面积仅占 14%，还有 2.7 万 km² 的流域面积得不到控制，而这一区域也是黄河流域的主要暴雨区之一，百年一遇洪峰流量达 15700m³/s，预见期仅有 8h，严重威胁下游防洪安全。近年来，全球气候变化和人类活动加剧导致极端、突发水事件风险加大，进一步加剧了流域洪水威胁的严重性，若三花间暴雨区遭遇 2021 年河南"7·20"特大暴雨同强度暴雨天气，黄河下游滞洪区运用的可能性将大幅度升高。

小花间无工程控制区

小花间（小浪底—花园口区间）无工程控制区包括小花间干流区间以及支流沁河流域和伊洛河流域，面积 2.7 万 km²，涉及山西晋城、陕西洛南和河南济源、焦作、洛阳、郑州等地市（图 5-12）。华北雨带锋线自西南向东北穿过该区，区域最大 24h

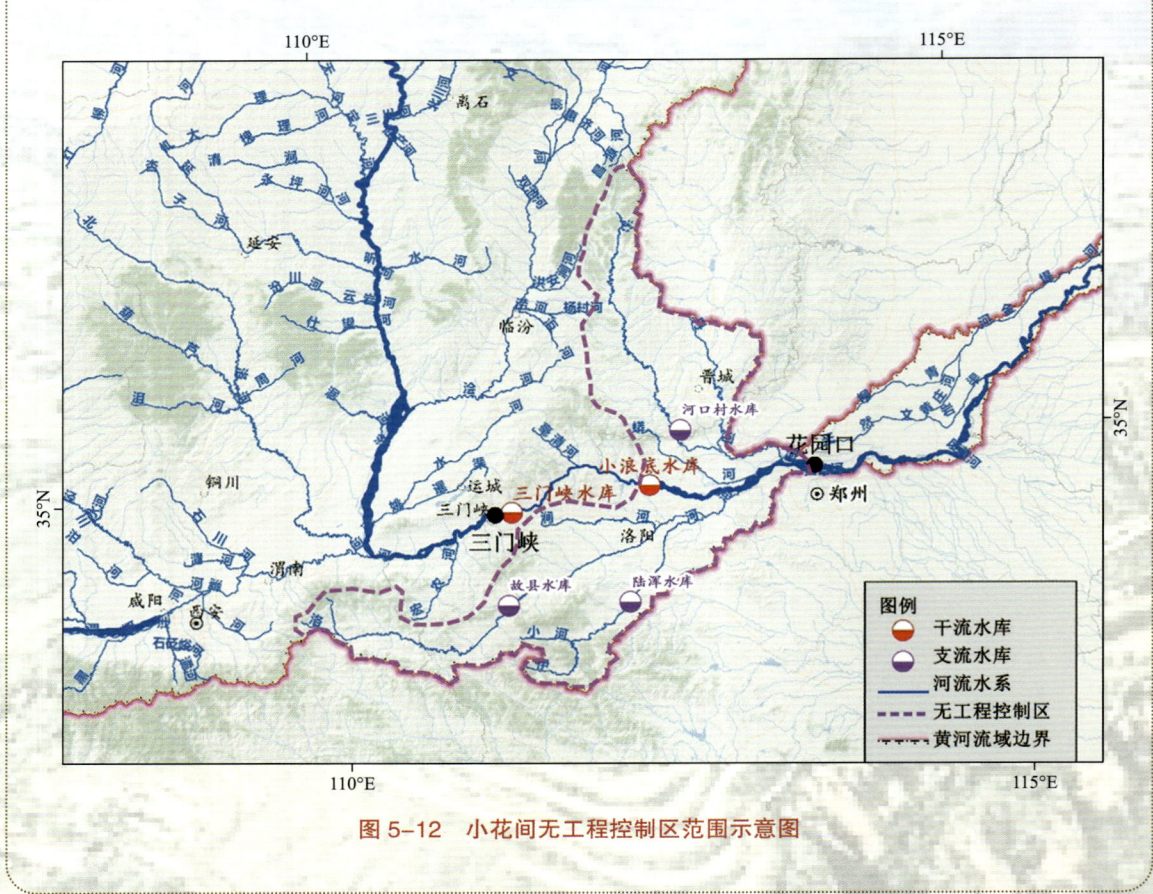

图 5-12 小花间无工程控制区范围示意图

降雨量 200mm 以上，年平均暴雨出现次数为 3 次左右，大暴雨多集中在盛夏的 7 月至 8 月上旬。该区大暴雨产生的 30 年一遇洪水在花园口站洪峰流量达 9260 m³/s，百年一遇洪水洪峰流量达 15700 m³/s（图 5-13）。

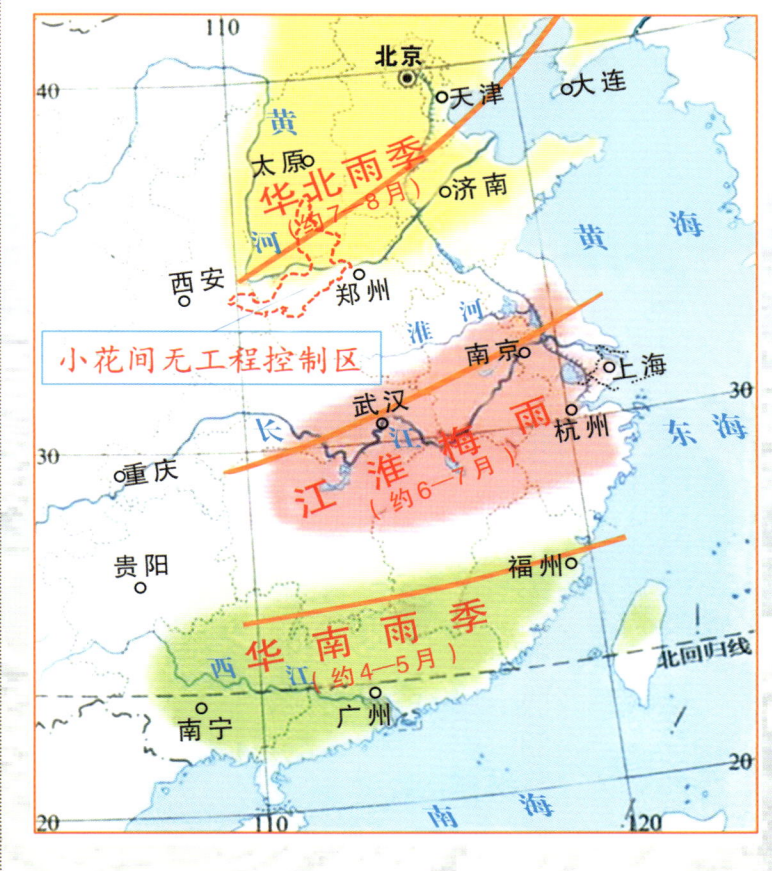

图 5-13
小花间无工程控制区
在华北雨带的位置示意图

（二）迫在眉睫的发展需要

由于滞洪区是限制发展区域，北金堤滞洪区开发程度较低，经济社会发展长期落后。区内土地利用类型单一，其中 80% 以上为农用地。工业总体停留在资源性、粗放型、低层次阶段，仅有的重要工业企业中原油田处于发展后期，资源面临枯竭。2019 年，北金堤滞洪区内人均 GDP 3.37 万元，为全国平均水平的 47%；人均可支配收入 9900 元，为全国平均水平的32%；城镇化率30.4%，远低于河南省53.21%和全国60.6%的平均水平（图5-14）。

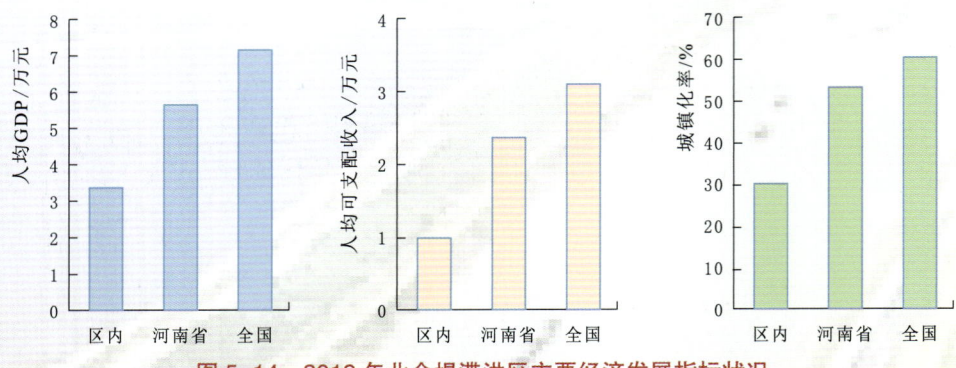

图5-14　2019年北金堤滞洪区主要经济发展指标状况

（三）不容忽视的生态保护

北金堤滞洪区是黄河、金堤河水体循环的重要场所，不仅维持着区域生态平衡，也是拦截入河污染物的重要生态屏障。作为黄河下游引黄灌区的重要组成部分，引黄水维持着以农田为主的生态系统，一旦引黄水量不足，土地将面临着沙化的命运。作为金堤河的汇水区，区内农田退水往往随涝水、城镇生活污水处理厂尾水通过支沟进入金堤河，携带的农业面源污染和城镇生活污染负荷直接入河对金堤河末端水质造成冲击，并对黄河干流水质产生影响，因此，滞洪区承担着入河污染物拦截和削减的重要生态功能。

三、系统治理多功能和谐

新时期，黄河流域生态保护和高质量发展战略深入实施，对北金堤滞洪区防洪保障、生态保护和高质量发展协同功能发挥提出新的要求。如何统筹防洪与生态、发展之间的关系，促进防洪保障、生态保护和高质量发展多功能和谐，是北金堤滞洪区面临的核心问题。

北金堤滞洪区仍需以保障黄河下游广大人民群众和左岸8000km²防洪保护区的防洪安全为首要功能，针对不同量级的超标准洪水，制定不同的滞洪区运用方式，将淹没控制在指定的范围，从而减少分洪造成的财产损失，按照洪水风险级别划分不同等级的行洪区和发展区，在社会建设上留足发展空间。

北金堤滞洪区是黄河下游重要的生态屏障，以灌区为主的人工生态系统在有节律的人类活动调节下相对稳定。但人类活动带来的系统性生态环境问题，如工业生活污染、农业面源污染的防治问题等，仍是北金堤滞洪区生态保护的重要内容。在各地做好工业生活和农业面源污染防控的同时，金堤河建立起流域管理体系（图5-15），系统实施流域生态建设和污染拦截体系建设，形成了流域水污染防治新格局。

北金堤滞洪区高质量发展关系到区内200多万人口的民生问题。在防洪保障和生态保护双重背景下，北金堤滞洪区走绿色高质量发展的路子，通过推进粮食生产的适度规模经营，打造有机农业基地，推进农产品精深加工，探索生态农庄、特色民宿等农业观光旅游模式，形成了具有地域特色的农业生态产业。

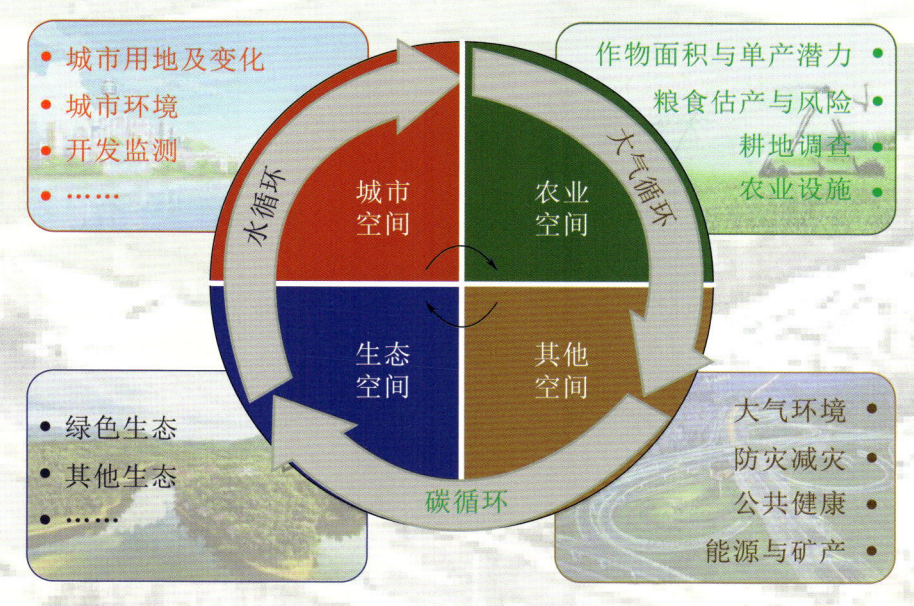

图5-15 金堤河流域管理体系

第三节　身兼数职的东平湖泊

东平湖是黄河下游唯一的大型湖泊，不仅承接着大汶河的来水，承担着滞蓄大汶河洪水的任务，也是黄河的自然蓄滞洪区，保障着艾山以下河段的防洪安全。因其特殊的地理位置，历史上的东平湖就是京杭大运河上著名的"水柜"，如今作为南水北调东线工程的调蓄水库，重拾连接长江黄河的重任（图5-16）。东平湖还是黄河下游重要的生态屏障、沿湖居民赖以生存的场所。可谓身兼数职皆重任，东平湖面临着前所未有的挑战。

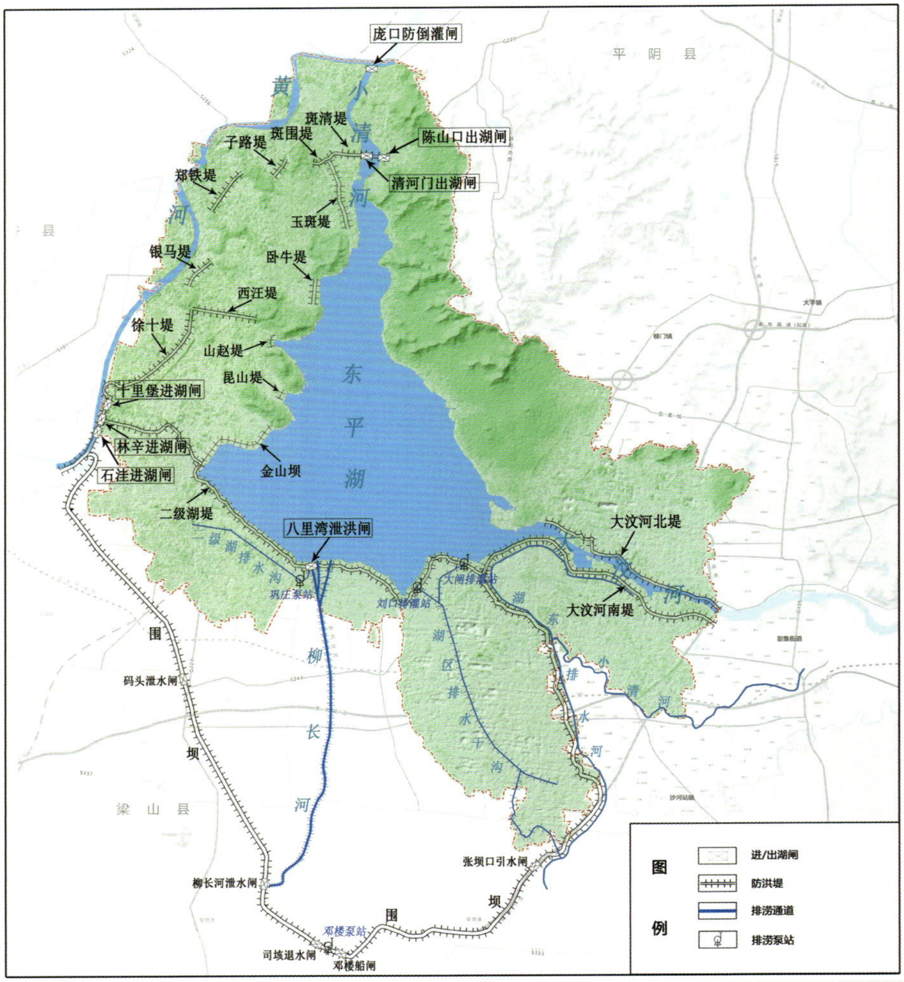

图5-16　东平湖概况

[参考：《东平湖生态保护和高质量发展专项规划（2020—2035年）》]

一、水泊遗存资源丰富

东平湖位于山东省东平县境内,东望泰山,西依京杭大运河,北通黄河,南部通过柳长河、梁济运河与南四湖相连。常年蓄水量为10多亿 m^3,常年水面面积124km^2,平均水深2.5m。东平湖是"八百里梁山水泊"的遗存水域,不仅在历史上京杭大运河航运中发挥着关键作用,也是黄河下游重要的"鱼米之乡"。湖区生态类型多样、生物资源丰富,将东平湖构筑成为黄河下游重要的生态屏障。

东平湖在运河漕运史上有着浓墨重彩的一笔。京杭大运河(图5-17)是南北水上交

图5-17 京杭大运河山东段盛况

通运输的黄金水道，东平湖作为京杭大运河的"水柜"，起着调节运河水量的作用。《东平县志》记载了京杭大运河东平段"黄金时期"的繁荣景象："在昔运河畅通，漕运兴旺之时，帆樯林立，商船汇集，岁运漕米四佰万石。"

东平湖是黄河下游重要的"鱼米之乡"。东平湖景色优美、风光旖旎，素有"小洞庭"之称（图5-18）。唐朝诗人白居易留下了"湖山上头别有湖，芰荷香气占仙都"的诗句。这里生物资源丰富多样，在滨湖洼涝区有着繁茂的陆生水生植物，湖中盛产鲤、鲫、鲂、鳜、草鱼、小杂鱼、大青虾、田螺、河蟹等50多种鱼类、贝类，是黄河下游重要的淡水渔业基地。

图5-18 东平湖上渔民用鱼鹰捕鱼

东平湖是黄河下游重要的生态屏障。东平湖生态类型丰富，分布有湿地生态系统、森林生态系统、灌丛草甸生态系统、农田生态系统等多种生态类型。区域气候适宜，雨量充沛，水资源丰富，野生动植物资源十分丰富，发挥着调蓄洪水、净化水质、调节气候、维持区域生态平衡和保护生物多样性等重要的生态功能。

东平湖的历史演变

东平湖的历史演变过程经历了四个时期：大野泽时期、梁山泊时期、安山湖时期和东平湖时期（图 5-19）。

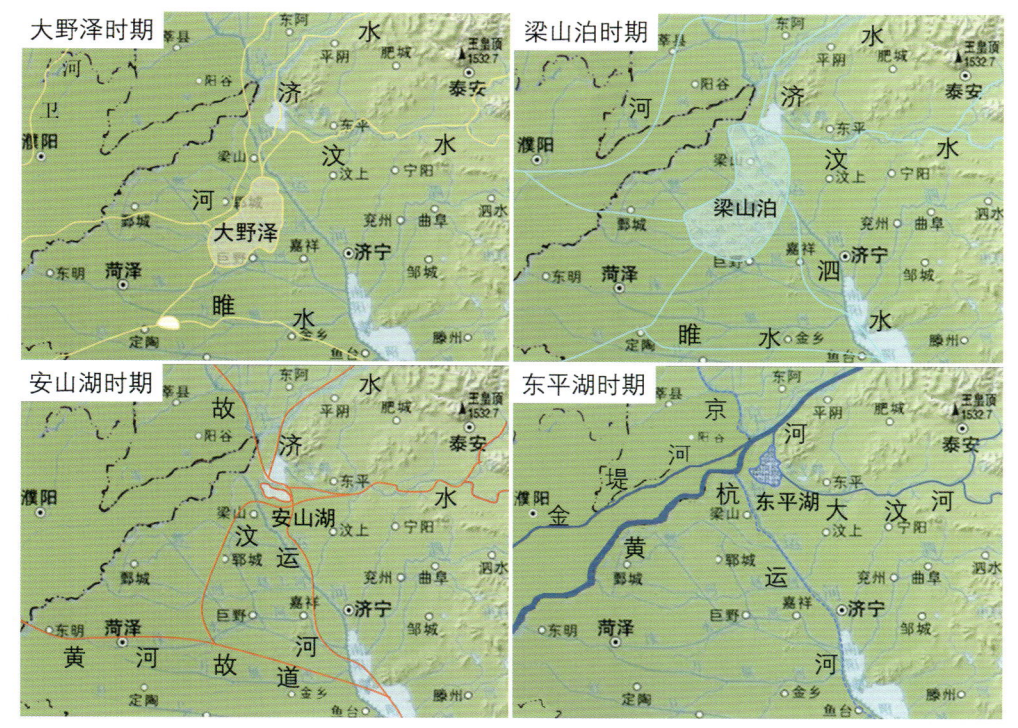

图 5-19　东平湖泊的历史演变

大野泽时期。大野泽形成于远古时代，以古济水、汶水为主要补给水源。《元和郡县志》载："大野泽在巨野县东五里，南北三百里，东西百余里。"

梁山泊时期。五代末,大野泽改称梁山泊。自宋初起的140年间(984—1082年),黄河下游决溢多沿济水、濮水注入梁山泊,使梁山泊面积不断扩大,最终形成《水浒传》上描述的"周围港汊数千条,四方周围八百里"的梁山泊。

安山湖时期。南宋建炎三年(1128年),黄河从北流转向南夺淮入海,梁山泊自此在黄河洪水泛滥的影响下进入不稳定时期。明清时期,由于水源减少,泥沙淤积,梁山泊分割成局部洼地积水的小湖泊。从梁山东北的小安山到大安山一带洼地,由于部分汶水和坡水补给,尚有少量积水,称安山湖。

东平湖时期。清咸丰五年(1855年),黄河夺大清河入海,河水漫溢使梁山泊东北部大清河、大运河等汇流处两岸洼地形成新的积水区,即如今的东平湖老湖区,至民国初年,始称东平湖。

二、靠水吃水破坏生态

靠山吃山,靠水吃水,是中国百姓祖祖辈辈信守的生存方式。历史上,东平湖内水草生长旺盛,具有良好的水域生态环境和渔业养殖条件,水产养殖和沿湖捕捞的生活方式,

图 5-20 整治前的东平湖渔业养殖

养育着沿湖的一方人民。20世纪80年代起，湖区养殖业无序扩张、湖周非法填湖围垦、上游及周边入湖污染持续加重等导致东平湖出现了一系列生态问题。

（一）资源无序开发，富营养化加重

20世纪80年代，东平湖渔业养殖业开始了承包制，在东平湖25万多亩的水域中，网箱围网面积一度占到55%，每年投入湖中的饵料达1万多吨（图5-20）。随着东平湖渔业养殖业的迅速扩张，"水上全鱼宴"名噪一时，大量餐船、湖边餐饮店出现在东平湖。养殖业和餐饮业产生的垃圾、污水直排入湖，加重了湖区富营养化，2009年一度接近中度富营养化水平（图5-21）。

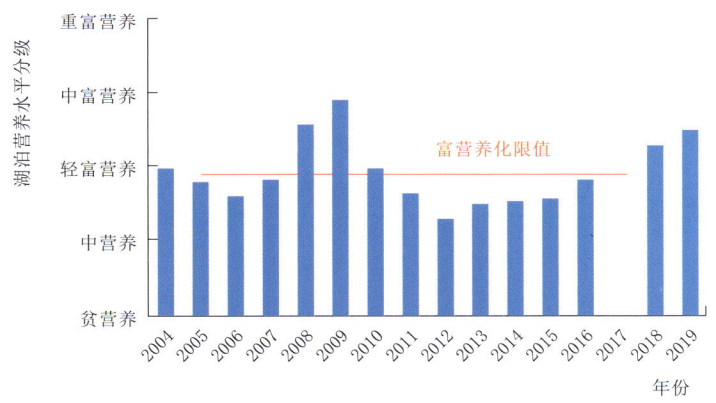

图5-21　2004—2019年东平湖营养状况

（二）湖周盲目围垦，湿地面积萎缩

湖周农用地开垦、围堤养鱼和城市开发占用天然湿地现象曾经一度愈演愈烈，这种重开发、轻保护的盲目开发利用行为大量侵占湖区天然湿地。经过连年不断的蚕食，湖区仅剩一条长达5.79km、宽620～1520m的狭长水面。湖区面积的减小不仅降低了东平湖的调蓄能力，还导致湿地面积的严重萎缩，水生生物丧失了栖息空间，渔业生产、湿地经济植物种植均受到严重影响（图5-22）。

（三）入湖污染持续，湖区水质恶化

东平湖承接大汶河来水和湖区排水，入湖主要污染源有上游来水污染和湖区的生产生

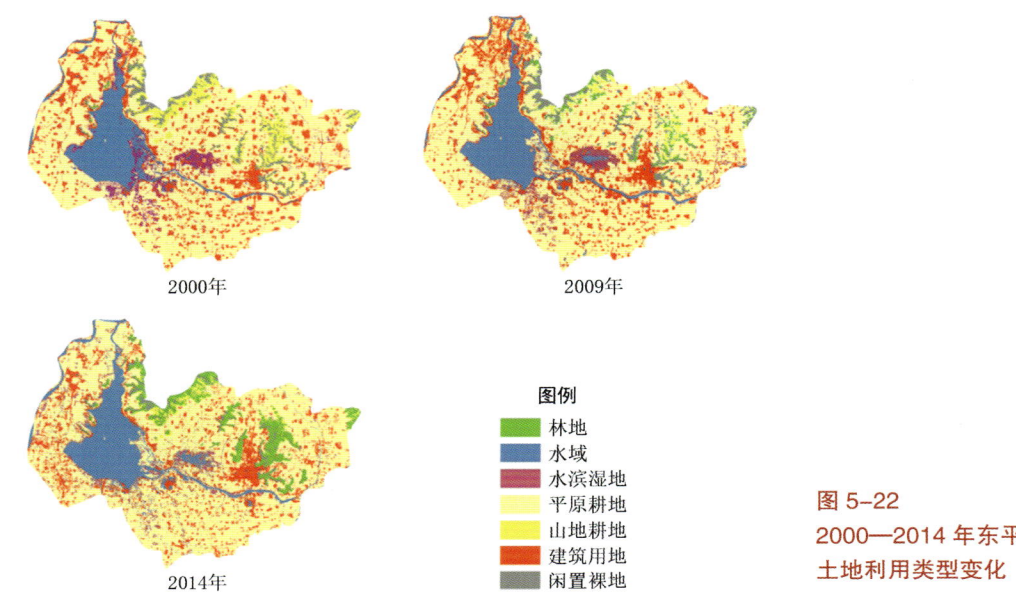

图 5-22
2000—2014 年东平湖周边土地利用类型变化

活污染。随着大汶河流域经济社会的不断发展，上游来水污染负荷持续较高，是东平湖主要的污染来源。湖区的生产生活污染主要包括农产品加工作坊的生产废水、湖区居民的生活污水、畜禽养殖废水和农业面源污染，虽然排放量有限，但大多数是不经处理直排入湖，造成的污染仍不可小觑。这些入湖污染一度导致东平湖水质恶化，富营养化加剧，严重影响东平湖的生态安全。2013 年南水北调东线一期工程通水以后，东平湖总氮、总磷、高锰酸盐指数、化学需氧量等主要水质指标才稳定在地表水Ⅲ类水平（图 5-23）。

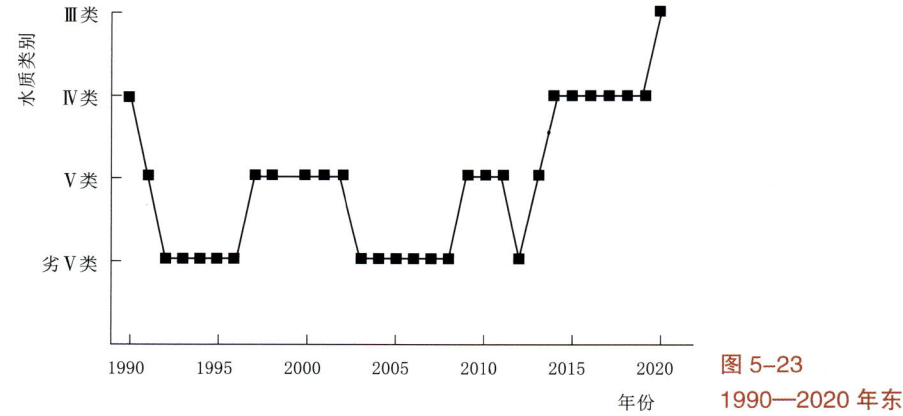

图 5-23
1990—2020 年东平湖水质变化

三、多重定位难以兼顾

如今的东平湖，在黄河流域生态保护和高质量发展、推进南水北调后续工程高质量发展、乡村振兴等国家战略中都有明确定位，防洪、供水、生态保护和民生保障多重定位交织，在防洪调蓄与供水调蓄、供水调蓄与生态保护、生态保护与民生保障之间存在着难以兼顾的情况，跨流域联合调度机制缺位，上下游生态补偿有待落实，民生改善任重道远。

（一）跨流域联合调度机制缺位

东平湖调度运用每年分为两个时段，现有调度规则下，黄河和南水北调东线均为独立调度，尚未建立起跨流域联合调度机制。6—10月为黄河下游汛期，其中7—9月蓄水上限按42.00m控制；10月至次年5月为南水北调东线工程运用期间，东平湖水位保持在40.50m以上，蓄水上限按42.50m控制。

东平湖作为南水北调东线工程上的重要节点，南连淮河流域，北接海河流域，为黄河下游防洪运用提供了更大的调度空间。2021年秋汛期间，东平湖首次尝试跨流域防洪调度并取得了预期的效果，但因缺乏联合调度机制，协调工作相当烦琐。

> **2021年秋汛期东平湖跨流域联合调度**
>
> 2021年9月下旬，黄河山东段出现"黄汶相遇，峰峰相叠"的不利防洪形势，9月底起东平湖水位连续超警戒水位41.72m达22天。山东省防汛抗旱指挥部决定，在错峰择机通过小清河向黄河分水的同时，启用环东平湖三处南水北调渠道工程泄洪，累计通过八里湾船闸、八里湾泄洪闸，沿南水北调东线的柳长河、梁济运河渠道工程泄水入南四湖上级湖1.72亿m³；沿济平干渠工程和穿黄工程泄水1.365亿m³（图5-24）。

（二）上下游生态补偿有待落实

生态补偿是指生态保护受益方以资金、项目、技术等方式，给予生态保护提供方以补偿。东平湖供水受益地区主要是胶东半岛地区，排水受益地区主要是泰安市大汶河流域。2021年9月，山东省印发《山东省东平湖保护条例》，提出东平湖供水受益地区通过对口协作、产业转移、人才培养等方式对东平湖生态保护和高质量发展进行扶持，并明确泰安

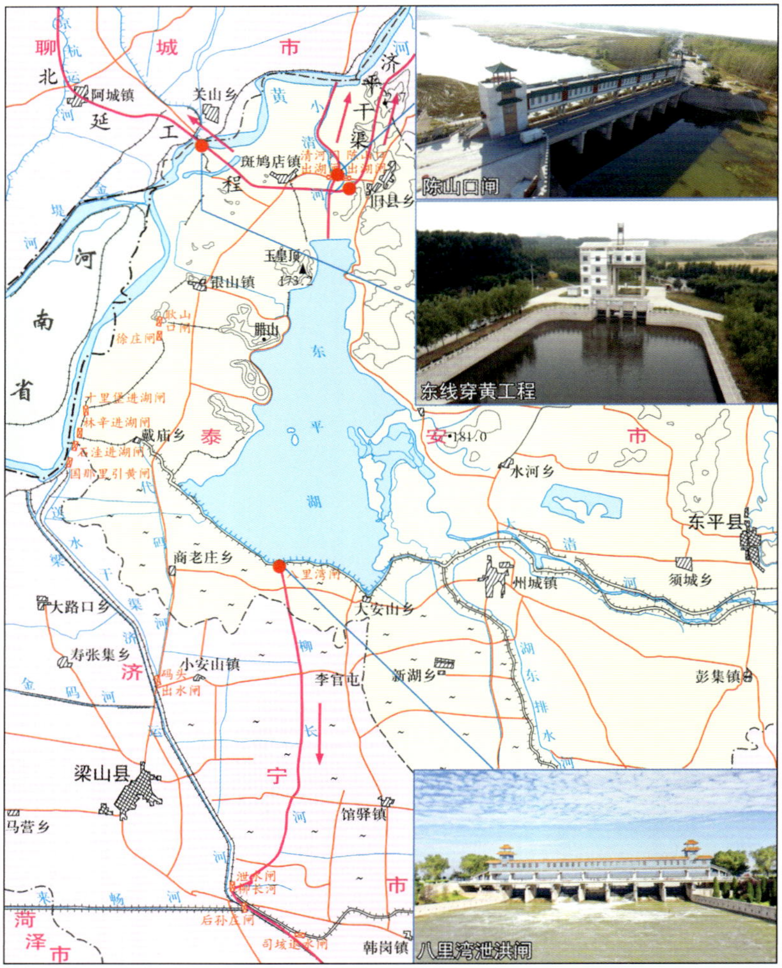

图 5-24　2021 年秋汛东平湖利用南水北调东线分洪线路示意图

市大汶河流域区县对东平湖进行生态补偿。但有关生态补偿的形式、额度、实现方式等仍在探索当中，尚未得到落实。

（三）居民生活改善任重道远

东平湖区有人口 28.55 万，其中，老湖区 7.05 万，新湖区

21.50万。囿于滞洪区政策限制，这里和北金堤滞洪区一样，安全设施建设滞后，公共服务基础设施薄弱，经济社会发展缓慢。2019年，东平县人均GDP 2.72万元，为全国平均水平的38.4%；人均可支配收入1.71万元，为全国平均水平的55.7%；城镇化率44.78%，为全国平均水平的73.9%（图5-25）。

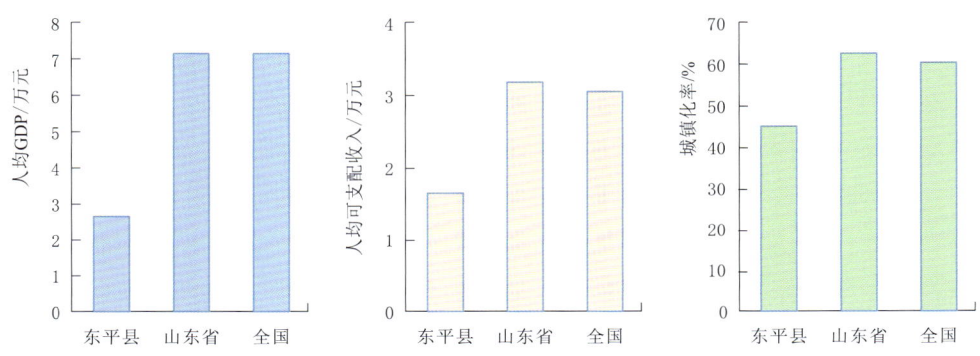

图5-25　2019年东平县主要经济发展指标状况

四、标本兼治系统保湖

"黄汶相遇"不利洪水条件下调蓄能力不足、大汶河流域排污负荷居高不下导致湖区水质维持压力大、滞洪区政策限制下区域经济社会发展缓慢等问题导致东平湖多重定位难以兼顾。当前，几大国家战略带来的政策红利密集释放，国家水网建设、数字孪生流域建设，以及以人为本的黄河下游防洪理念为东平湖突破桎梏，实现标本兼治提供了契机。

（一）打造多功能水网节点

南水北调工程定位为非汛期调水且肩负汛期协助地方排涝重任。2021年12月，水利部印发《关于实施国家水网重大工程的指导意见》，提出"加强重点调蓄工程挖潜和建设，打牢国家水网之'结'"，要求东平湖完善南水北调东线上下游配套工程，提升线路的供水能力，充分挖掘东平湖的调蓄功能。同时，以东平湖为节点，总结2021年秋汛期东平湖调度成功经验，探索跨流域防洪调度模式，构建跨流域联合调度长效机制，充分利用跨流域水系湖泊的调蓄能力，让东平湖成为跨流域供水、防洪的多功能水网节点（图5-26）。

图 5-26　东平湖在华北水网布局中的节点地位

（二）推进系统性生态保护

大汶河流域排污主要有两个特点。一是污染负荷高，沿河排污以城镇污水处理厂尾水为主，排放标准多为一级 A 标准，总氮浓度高达 15mg/L，总磷浓度高达 1mg/L；二是稀释水量不足，大汶河支流多为断流状态，干流水量小，末端戴村坝连 $1m^3/s$ 的生态流量都难以维持。为从源头上解决东平湖水质污染问题，山东省印发了《东平湖生态保护和高质量发展专项规划（2020—2035 年）》，明确要求落实大汶河生态流量，确保大汶河入湖水质达标；建设引黄补湖工程，协调引黄生态补水。在此基础上，统筹加强生态修复和生态建设，促进东平湖生态环境整体提升（图 5-27）。

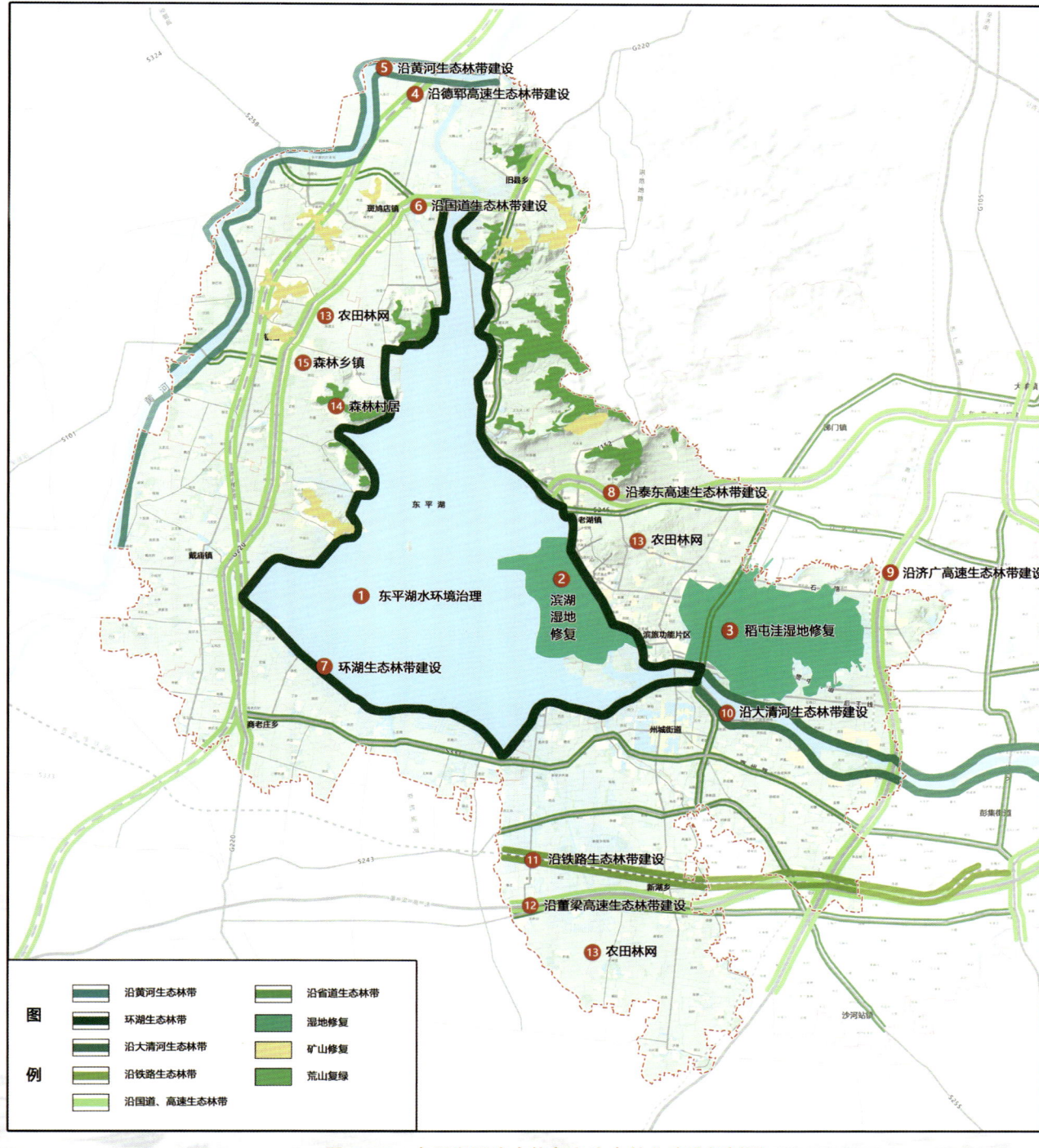

图 5-27 东平湖区生态修复和生态林业建设规划图

[引自:《东平湖生态保护和高质量发展专项规划(2020—2035年)》]

(三) 加强全方位民生改善

东平湖区经济发展缓慢，根源在于防洪、生态与发展之间的矛盾。在防洪安全上，加强蓄滞洪区安全建设，完善公共服务设施配套，提升民生保障能力。实施黄河与大汶河防汛统一调度指挥，充分发挥南水北调东线分洪能力，践行以人为本的黄河下游防洪理念，最大限度降低东平湖蓄滞洪区启用可能。在发展上，以防洪和水环境保护为前提，探索具有湖区特色的产业发展新路子，发展特色高效农业、升级文化旅游产业、培育医养健康产业、推动工业集中绿色发展，促进乡村振兴与湖区产业高质量发展有效融合。

第四节　生态敏感的大河尾闾

黄河河口是典型的陆相弱潮堆积性河口，咸淡水为弱混合型，潮波不会引起河床剧烈变形。这里生物资源丰富，土地资源开发潜力巨大，是实施"渤海粮仓"农业示范工程的重要区域。弱潮河口的特性使黄河三角洲生境中的生物对盐度变化更加敏感，近些年，入海水沙减少引起的海水入侵导致海岸线退蚀、湿地类型退化，在人类大规模的土地开发活动影响下，原生湿地遭到不可逆的破坏。

一、咸淡交接生态多样

海水与淡水交接的特殊环境，造就了生态类型丰富的河口湿地生态系统。黄河三角洲自海向陆依次分布着滩涂湿地、新淤湿地、光板地与盐碱荒地、成熟农耕地等主要生态系统（图5-28和图5-29）。

滩涂湿地生态系统。集中分布于环渤海沿岸和黄河入海口附近，与渤海直接相连，该系统主要由滩涂光板地生态系统、咸水植物生态系统、沼生盐生植物生态系统三个亚生态系统构成。在日潮线以下分布着滩涂，地面几乎无植被覆盖；在日潮线以上至年高潮线之间，以盐生植物分布为主，偶见生长很差的柽柳，覆盖度低，多为5%～45%；在年高潮线以上，以沼生盐生植物生态系统分布最为集中，并掺杂着咸水植物生态系统。

新淤湿地脆弱生态系统。集中分布于黄河入海口附近，与湿地生态系统呈交错分布，由海洋向陆地则和光板地、重盐碱荒地生态系统呈复区分布（图5-30）。该系统主要由农

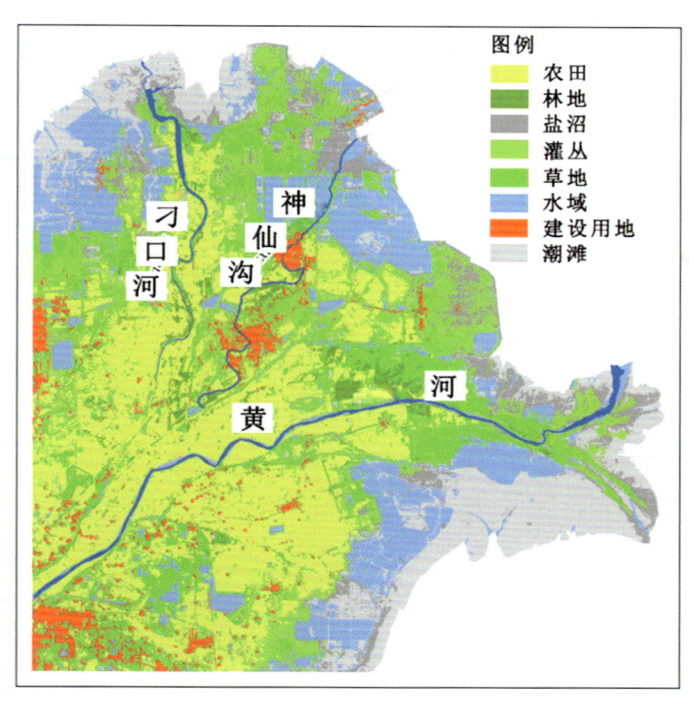

图 5-28 2017 年黄河三角洲生态类型分布

图 5-29 黄河三角洲滩涂

图 5-30　黄河三角洲湿地碱蓬群落

田生态系统、人工刺槐林生态系统和天然柳林生态系统三个亚生态系统构成，土壤含盐量低，土壤相对肥沃，适合农业耕作，但系统极不稳定，农业耕种不久常常发生次生盐渍化，退化为重盐碱荒地，甚至沦为盐碱光板地。

　　光板地与盐碱荒地生态系统。向海一侧与滩涂湿地呈交错分布，该系统的主要特征是土壤盐分重，适生植物很少，植被覆盖率低，一般在40%以下，局部禾草类草甸植被覆盖率可达90%以上。该系统主要由光板地、一年生盐生植物、多年生禾草类盐生植物、柽柳灌丛等亚生态系统构成（图5-31）。

　　成熟农耕地生态系统。分布于最里侧，即远离海洋，向海则与光板地、重盐碱荒地生态系统交错分布，是黄河三角洲农业生产的主要场所，农田生态系统是其主体，此外，掺杂分布着次生盐生植被生态系统。该系统比较稳定，生产力较高（图5-32）。

图 5-31　黄河三角洲盐碱荒地

图 5-32　黄河三角洲成熟农业生态系统

全球著名河口三角洲湿地

除了黄河三角洲湿地外,全球还有许多河口三角洲湿地,其中不乏一些著名的湿地,如湄公河三角洲、奥卡万戈三角洲、卡卡杜国家公园、佛罗里达大沼泽、圣卢西亚湿地公园、孙德尔本斯三角洲、喀拉拉邦水乡湿地、瓦素尔国家公园和卡玛格湿地等。它们是全球鸟类8条迁徙路线中重要的着陆场和中转站(图5-33)。

图5-33 全球著名河口三角洲湿地在鸟类迁徙路线中的分布

(1)湄公河三角洲。湄公河三角洲面积约40000km², 其中约1/5属于柬埔寨,约4/5属于越南。平均海拔不到2m,多河流、沼泽,分布有稻田、热带丛林、红树林、平原、沼泽等,建有多处国家公园和自然保护区(图5-34)。

(2)奥卡万戈三角洲。奥卡万戈三角洲别名为"奥卡万戈沼泽",位于非洲博茨瓦纳西北部,面积约15000km²,是世界上最大的内陆三角洲。该地区的自然生境多种多样,包括永久性和季节性河流和潟湖、永久沼泽、季节性和偶尔被淹没的草地、河岸森林、干燥的落叶林地和岛屿群落,分布有1061种植物、89种鱼类、64种爬行动物、

482种鸟类和130种哺乳动物。这里保护着世界上一些最濒危大型哺乳动物的健壮种群，如猎豹、白犀牛、黑犀牛、野狗和狮子等。2014年作为文化遗产列入世界遗产名录（图5-35）。

图5-34　湄公河三角洲

图5-35　奥卡万戈三角洲

（3）卡卡杜国家公园。卡卡杜国家公园是澳大利亚最大的国家公园，面积13160km²，位于澳大利亚北部。地质复杂，地貌景观丰富奇特，分为海潮区、水涝平原区、低地区和高原区。区内灌木丛生，昆虫密布，动植物资源丰富。有大片的桉树林和棕榈林，成群的苍鹰、飞鸟以及凶猛的咸水鳄、水牛。1979年被辟为国家公园。1981年，卡卡杜国家公园作为文化与自然双重遗产列入《世界遗产名录》（图5-36）。

图5-36 卡卡杜国家公园

（4）佛罗里达大沼泽。佛罗里达大沼泽位于美国南部的佛罗里达州，其面积达11000km²，被称为"美国最神秘的地方"。大沼泽有多种自然环境，包括被莎草覆盖的沼泽地、被河水淹没的森林及海边的红树林等。拥有北美洲丰富的动植物资源，仅仅是鸟类就超过350种，著名的大型动物有美洲豹、短吻鳄、白尾鹿、海牛等（图5-37）。

（5）圣卢西亚湿地公园。圣卢西亚湿地公园位于南非东海岸，由一个沿海平原和大陆架组成，面积约2400km²。该公园广阔的湿地、沙丘、海滩和珊瑚礁均闻名于世。有河流、纸草沼泽地、芦苇盐碱湿地、莎草沼泽、含盐湿地等多种湿地类型。圣卢西亚湿地公园拥有自然界体积最庞大的动物群，棱皮龟、红海龟、鲸鱼、海豚、鲨鱼、火烈鸟、各种涉禽类鸟、塘鹅以及其他水鸟都栖息在该地（图5-38）。

图 5-37　佛罗里达大沼泽

图 5-38　圣卢西亚湿地公园

（6）孙德尔本斯三角洲。孙德尔本斯三角洲横跨印度和孟加拉国两个国家，由恒河、布拉马普特拉河与梅克纳河三大河冲积而成，占地面积1330km²。分布有孟加拉虎、印度蟒、云豹、亚洲象和鳄鱼等濒危动物，沿海有世界上最大的沿海红树林。1973年，孟加拉虎保护区成立；1977年，在此基础上成立了野生动物保护区；1984年，印度政府建成了孙德尔本斯国家公园（图5-39）。

图5-39　孙德尔本斯国家公园红树林中的斑点鹿

（7）喀拉拉邦水乡湿地。喀拉拉邦水乡位于印度半岛西南角的喀拉拉邦，与阿拉伯海处于同一海平面，连接着众多潟湖和湖泊。人造运河和天然运河连接的五大湖汇集了40多条河流以及无数的支流流过喀拉拉邦，多数向西流入阿拉伯海。水乡的河流都不大，而且水量完全依赖季风气候，到夏季才能成为河流（图5-40）。

（8）瓦素尔国家公园。瓦素尔国家公园位于印度尼西亚的新几内亚岛，这里栖息着众多稀有动物和鸟类，有小袋鼠、水鸟、候鸟和食火鸡等，因其生物种类丰富，被称为"巴布亚省的塞伦盖蒂"。

（9）卡玛格湿地。卡玛格湿地位于法国罗讷河和三角洲的两支流间，面积930km²。1/3的区域是湖泊或沼泽，建有卡玛格湿地自然保护区，是欧洲候鸟迁徙越冬的重要栖息地。每年都会有近500个物种从各地迁徙到这里，火烈鸟、卡玛格白马、卡玛格公牛等上百种野生动物在这片广袤的湿地和草原中和谐生存，每到夏天，这里就成了火烈鸟的天堂；上千种草本植物在这里旺盛生长（图 5-41）。

图 5-40　喀拉拉邦水乡湿地

图 5-41　卡玛格湿地的火烈鸟

二、天然湿地退化明显

河口三角洲的产生和维持主要靠泥沙淤积和咸淡水平衡。河口湿地生态系统受下游水量沙量的影响最为直接，水多沙多则不断向外蔓延扩张，水多沙少则冲沟漫滩，水少沙多则淤积抬高，水少沙少则退蚀萎缩。近年来，黄河水沙减少，加之受人类活动影响，河口三角洲天然湿地退化明显，严重破坏了近海的生态环境平衡（图5-42）。

图5-42 黄河入海口段故道与海岸线变迁示意图
（参考：巩向杰/星球科学评论，中国国家地理）

河口三角洲天然湿地面积持续减少，人工湿地面积不断增加，湿地组成发生深刻变化。1973—2013年的40年里，黄河三角洲的天然湿地面积减少了42.67%，平均每年减少30.58 km²。1985年，天然湿地面积曾有3143 km²之多，到2010年急剧减少至1609 km²。随着不断的开发利用，人工湿地面积一直在高速增长，1973年的人工湿地面积还不到200 km²，2010年增加到1183 km²（图5-43）。

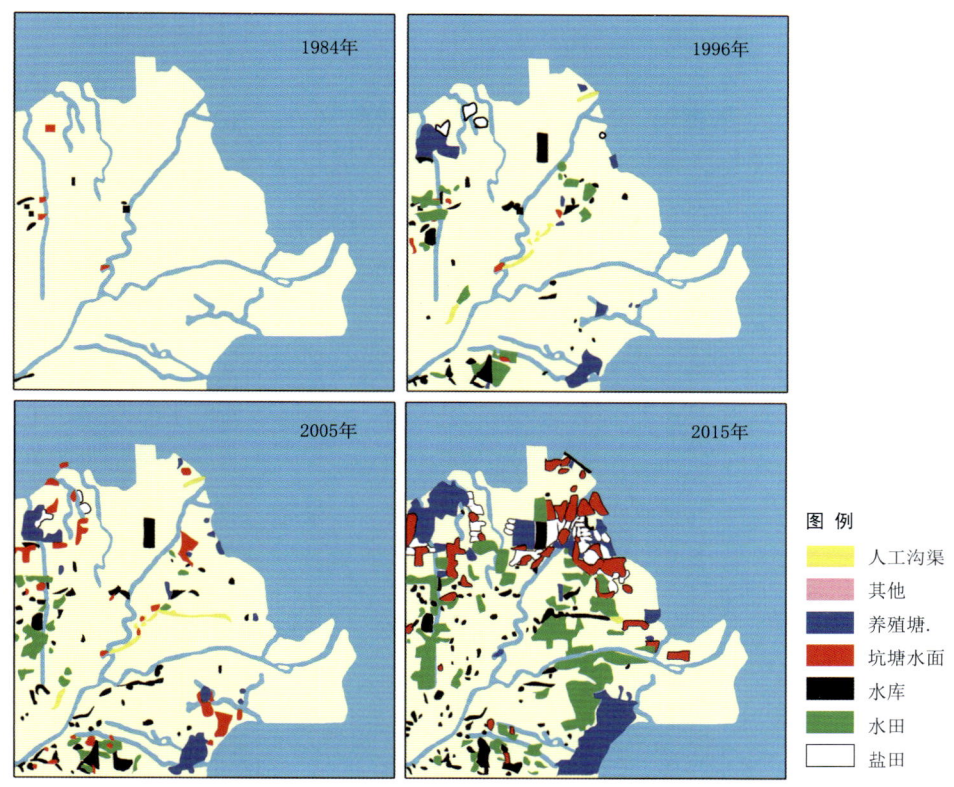

图 5-43　1984—2015 年黄河三角洲人工湿地演变

　　天然湿地的退化严重破坏了近海的生态环境平衡。入海水沙的减少导致海水倒灌，加剧了土壤盐渍化，植被由原本的香蒲、芦苇群落逆向演替为柽柳、碱蓬和互花米草群落。大量天然湿地被改造为鱼塘虾池，导致天然湿地生态系统斑块的廊道连接性和生态完整性遭到破坏。植被生境的变化引起野生生物栖息生境的严重退化，至 2018 年，滩涂底栖动物密度降低了 60%。

三、水沙锐减破坏生境

　　黄河淡水作为三角洲湿地主要的生态水源，直接决定着三角洲湿地内动植物种类、数量和分布，决定着湿地生态属性和生态质量的好坏。20 世纪末期，由于入海水沙锐减，河口三角洲出现岸线侵蚀退缩（图 5-44）、生态水量不足、海水入侵加剧等问题，湿地生境遭

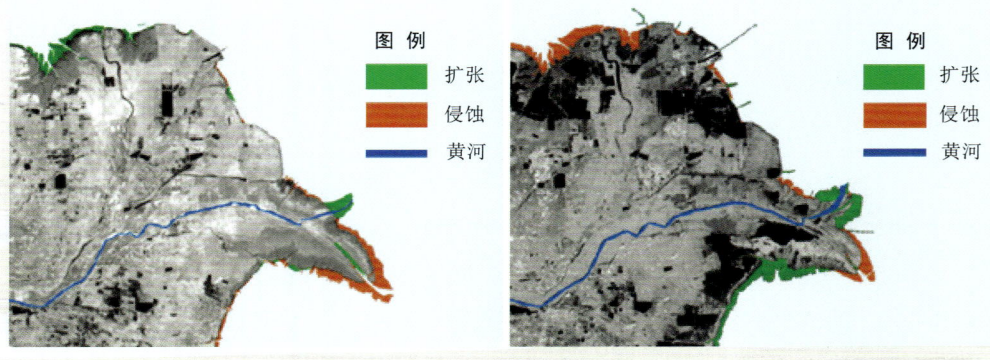

（a）1995—2000 年海岸线变化　　　　　　（b）2000—2010 年海岸线变化

图 5-44　1995—2010 年黄河三角洲海岸线变化

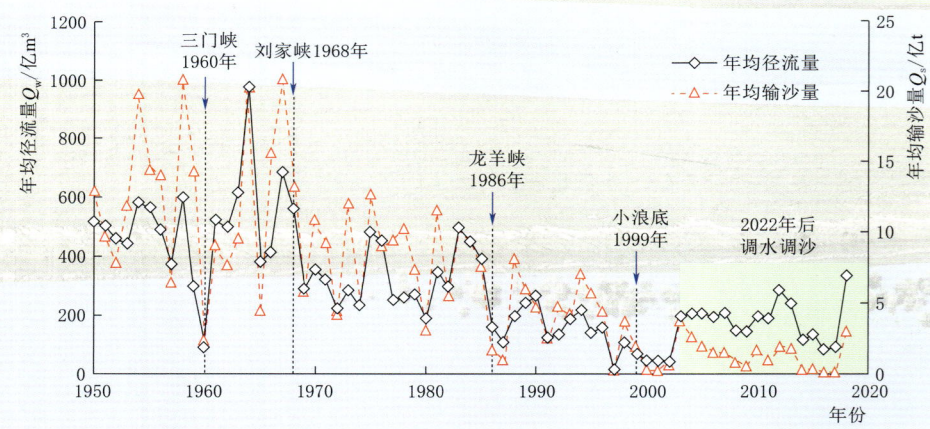

图 5-45　1950—2018 年黄河入海水沙变化

到严重破坏。

河口三角洲沿海岸线侵蚀缩退。黄河三角洲近海沿岸是一个泥沙淤进造陆与海岸侵蚀退缩的相互交替的演变过程。据测算，当黄河年入海泥沙为 3 亿 t 时，三角洲的海岸侵蚀状况将基本平衡。如今，黄河入海沙量由 20 世纪 50 年代的 13.2 亿 t，减少到 2010 年以后的不到 2 亿 t，未来黄河三角洲地区将会面临海岸线严重退缩的考验（图 5-45）。

河口三角洲湿地生态系统遭到破坏。水沙减少使黄河三角洲湿地水环境条件失去平衡，严重威胁到湿地内水生生物的正常生长，影响到野生植物和鸟类的生存和繁衍。2001 年黄河三角洲的天然湿地面积比 20 世纪 70 年代减少近一半，湿地的鱼类种群数目减少了 40%，鸟类减少了 30%。此外，陆源物质入海输送减少，导致近岸海洋生态系统变化，莱州湾浮游植物和底栖生物数量明显下降，莱州湾渔获量大幅降低。潍坊市在莱州湾的近海捕捞量从 1989 年的 18.7 万 t 减少到 2007 年的 1.7 万 t。

河口三角洲植被群落出现逆向演替。生态水量不足导致海水入侵，本来由咸水区到陆地的发展进程出现逆向演替现象，普通草甸植被和盐生草甸植被反盐，演变为盐生植被群落，失去开发利用价值。据统计，黄河三角洲土壤盐渍化面积约 44.29 万 hm^2，占总面积的一半以上，其中重度盐渍化土壤和盐碱光板地 23.63 万 hm^2，占总面积的 28.35%，严重制约了三角洲的生态保护和土地开发利用（图 5-46）。

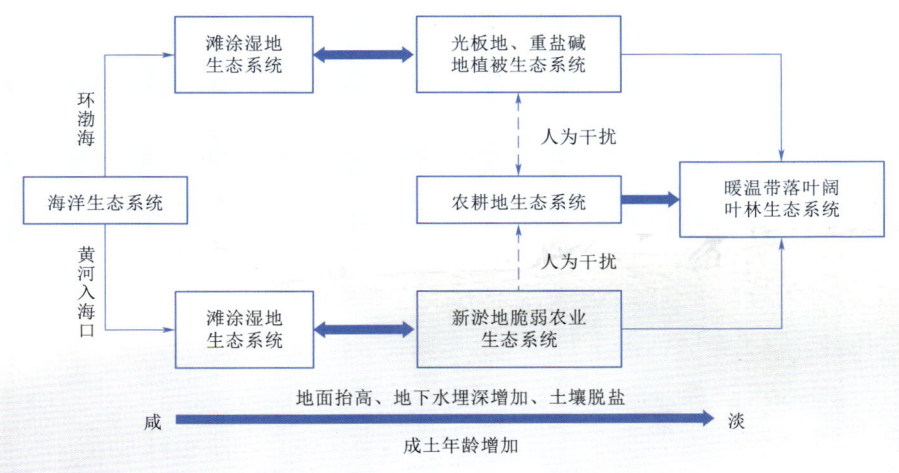

图 5-46 黄河三角洲生态系统演替模式示意图

四、科学调度生态修复

作为黄河生态健康的晴雨表，河口三角洲的保护开发始终是备受人们瞩目的。近些年，黄河水利委员会通过流域统一调度和黄河下游生态调度，为改善河口三角洲生态环境，维持河口湿地规模，恢复生物多样性作出了重要贡献。

（一）统一调度滋润尾闾

为解决20世纪末黄河下游频繁断流的问题，重现大河"奔流到海"的景象，1999年3月，黄河水利委员会正式对全河实施水量统一调度。2006年7月，国务院颁布实施我国第一部关于大江大河流域水量调度管理的行政法规——《黄河水量调度条例》，黄河水资源统一管理纳入法制化轨道（图5-47）。

黄河水量调度经历了"防止断流""确保不断流、协调生态环境用水""确保不断流、逐步实现功能性不断流"3个阶段，通过用水总量和断面流量双控制，实现了黄河全年不断流，遏制了河口三角洲生态恶化的趋势。

（二）生态调度提质增效

黄河三角洲生态补水主要来自汛前小浪底调水调沙大流量期和汛期大流量时期。小浪底调水调沙大流量期，下泄流量持续6天以上保持在1500～2200m³/s，最大流量可达

图5-47　国务院《黄河水量调度条例》立法座谈会现场

3500m³/s 以上，为黄河三角洲生态补水提供了条件。

2008年起，黄河水利委员会利用汛前调水调沙和汛期大流量洪水过程向现行流路湿地和刀口河流路生态补水，截至2020年，累计补水量5.79亿 m³，大大遏制了海水倒灌破坏湿地生态系统的趋势，减缓了土壤盐碱化及次生盐渍化进程，增强了黄河三角洲湿地生态系统自然修复能力。同时，生态补水为梭鱼、鲈鱼、小黄鱼等鱼类的产卵、育幼、生长提供了充分的栖息环境，促进鱼类增殖和种群间的生态平衡，整体上对渤海湾近海渔业品质提升具有重要作用（图5-48）。

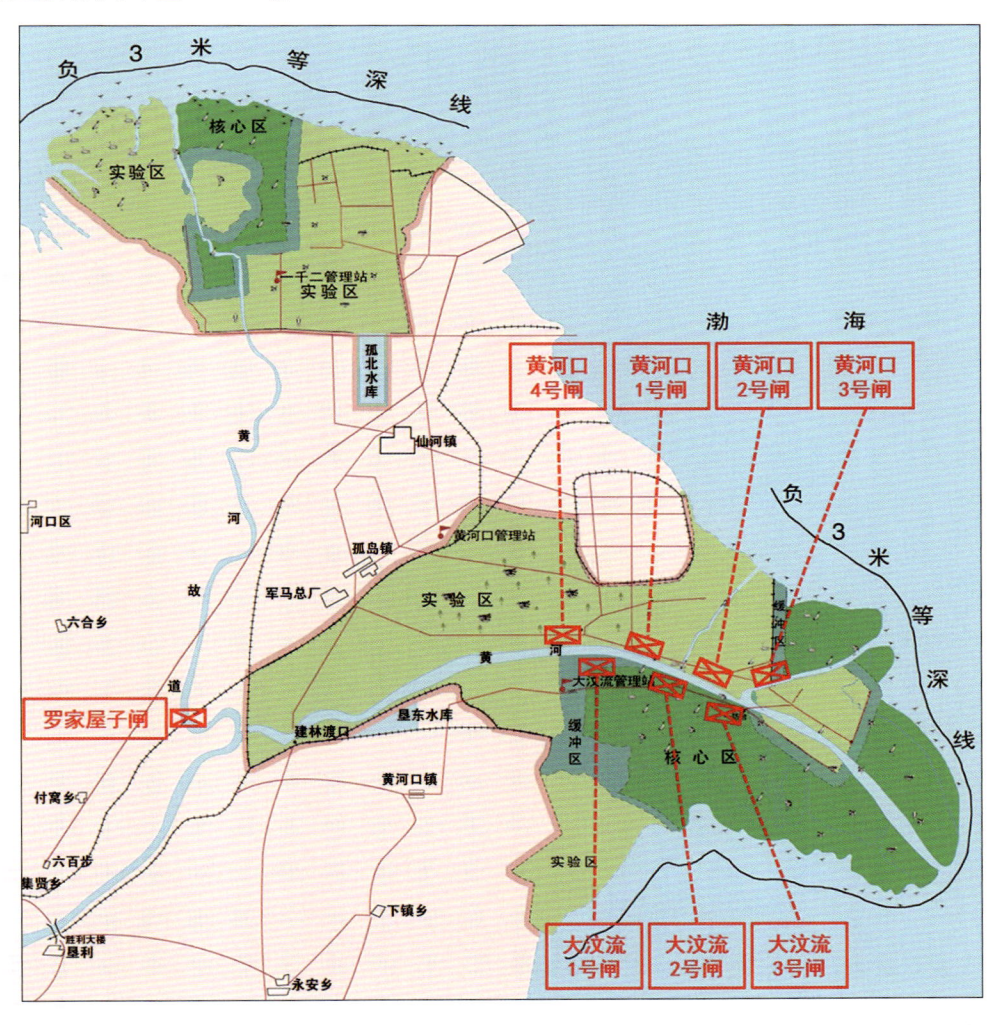

图 5-48 黄河三角洲生态补水口门分布

第六章 万里黄龙复生机

党的十八大以来，按照习近平总书记"节水优先、空间均衡、系统治理、两手发力"治水思路对黄河流域进行全面整治，黄河水沙治理取得显著成效，实现连续20年不断流，黄河流域生态环境持续向好的方向发展，经济社会发展水平不断提升。但同时也要清醒看到，当前黄河流域仍存在一些突出困难和问题，如河流连通性降低、水资源开发利用率过高、中游污染突出、生物多样性受到威胁等。当前，要深入贯彻黄河流域生态保护和高质量发展重大国家战略，坚持"绿水青山就是金山银山"理念，坚持生态优先、绿色发展，紧紧抓住水沙关系调节这个"牛鼻子"，坚持山水林田湖草沙综合治理、系统治理、源头治理，推动母亲河早日复苏。

第一节　河道生态陷困局

一、奔腾静止一席谈

为"从根本上治理黄河的水害""充分利用黄河的水利资源来进行灌溉、发电和通航,来促进农业、工业和运输业的发展",1957年以来,黄河干流建成主要水利工程30余座,总库容超过700亿 m³,总装机容量2.1亿 kW,支流建成大、中、小型水库2600多座,总库容130多亿 m³(图6-1)。

这些水利工程的兴建,为黄河水资源开发利用提供了重要的基础设施,产生了巨大的经济效益、社会效益和生态效益。然而,大坝的阻隔使河流生态破碎化,由连续的天然河流生态系统演变为不连续的河流、湖库相间的生态系统,破坏了原有生态系统的完整性和生态平衡(图6-2)。

(一)水沙调控改变水沙过程

干流大洪水洪峰流量明显减少。龙刘水库联合调度后,黄河上中游大多数断面的大洪

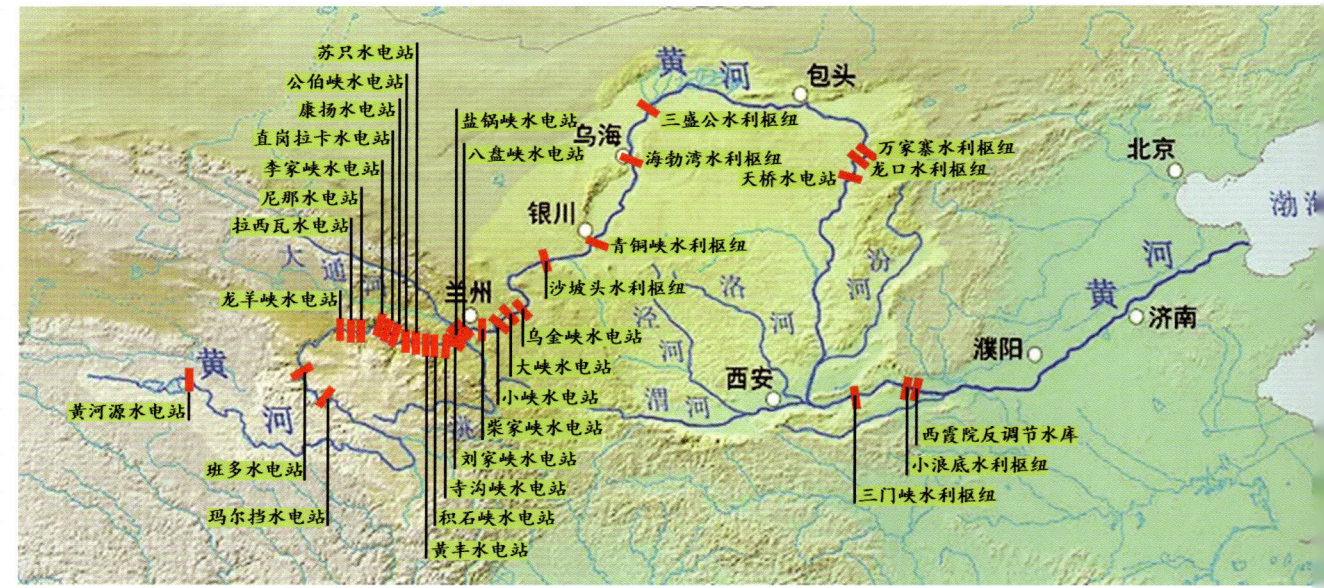

图6-1　黄河干流主要水利工程分布示意图

水峰量和发生频率都明显减少。下河沿和潼关断面4000m³/s以上洪水发生次数由1951—1968年间的5次和23次分别下降至1987—2000年间的1次和9次。黄河下游花园口断面漫滩洪水由12次下降到3次，洪峰流量由7000m³/s降至3000m³/s（图6-3）。

（二）调控水沙过程塑造河道形态

龙羊峡水库和刘家峡水库联合调度后，宁蒙河段和下游河道汛期来水来沙呈递减趋势，河槽淤积萎缩使过流能力大幅度降低。巴

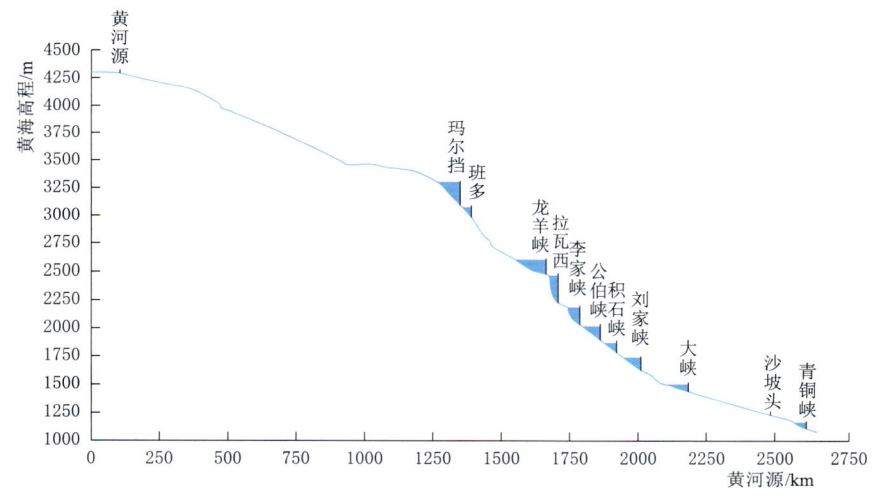

图6-2 黄河干流黄河源至青铜峡段剖面形态

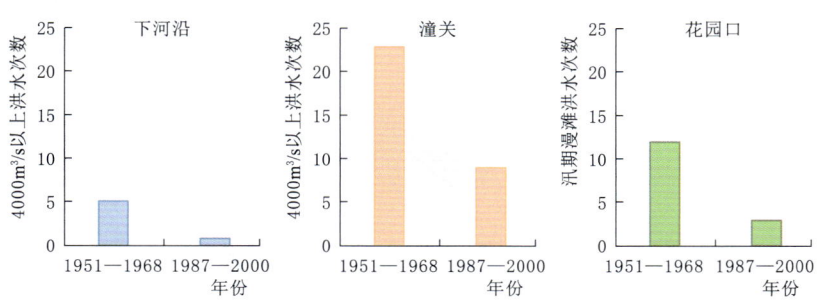

图6-3 下河沿、潼关、花园口断面大洪水发生次数变化

彦高勒断面平滩流量由20世纪70年代的4000～5000m³/s降低至2014年的1350m³/s。下游河道总体为淤积状态，主槽过流能力不断下降。小浪底水库投入运用后，通过近20年的调水调沙冲刷下游河道，才使下游河道平滩流量由2500～3400m³/s恢复至3500～5500m³/s（图6-4）。

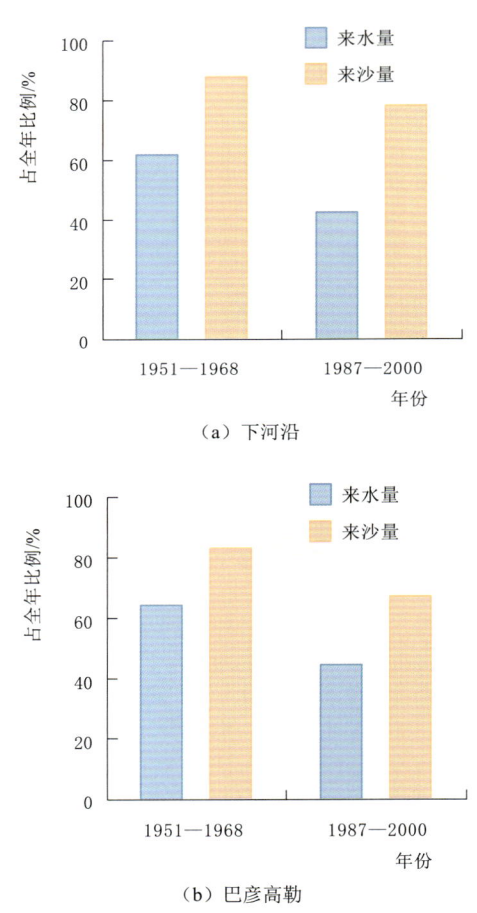

图6-4 下河沿和巴彦高勒断面汛期来水来沙变化

（三）水沙变化影响水生态水环境

水库修建引起河流局部湖泊化、上游营养物质截留、天然水文节律改变、鱼类洄游通道阻断等生态问题，导致土著野生鱼类的生存空间被压缩，种类和数量锐减。1980—2019 年黄河流域鱼类共 112 种，较 1960—1980 年减少了 38%。水库的拦截和冲刷作用使库区底质细化、下游河床粗化，改变了浮游生物和底栖动物的沿程分布，形成异质性的生境特征和生物多样性差异（图 6-5）。

二、水量供给不平衡

黄河流域干旱缺水，且水资源时空分配不均。流域人均水资源量为全国平均的 1/8，亩均水资源量为全国平均的 1/16；径流量的 60% 以上集中在每年的 7—10 月；需水量最大的中下游区域产流量很少。不断增加的流域工业、农业和生活用水大量挤占黄河输沙用水、生态用水，入海水沙锐减，对下游河道和河口地区生态环境造成严重损害。为规范黄河水资源利用，提高水资源利用效率，保障流域供水安全，

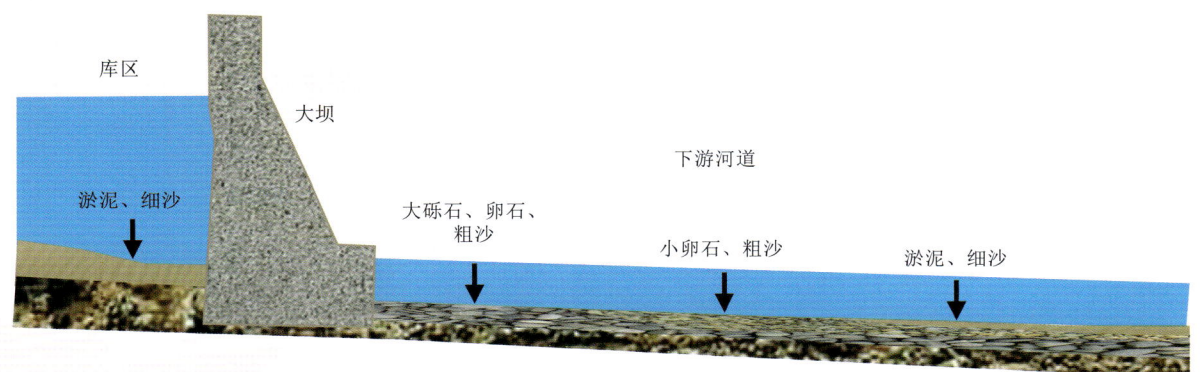

图 6-5　西霞院水库下游主槽底质沿程变化

《黄河可供水量分配方案》（以下简称"八七"分水方案）和《黄河可供水量年度分配及干流水量调度方案》应运而生。

（一）"八七"分水方案

20世纪50年代后，黄河流域人口和灌溉面积均急剧增长，地表水取水量由中华人民共和国成立初期的60亿～80亿 m^3/a 增加到80年代初的250亿～280亿 m^3/a。由于缺乏有效的规划和管理，上游省（自治区）无序引水致使黄河下游自1972年开始频繁断流。1972—1986年，有10年发生断流，利津断面累计断流达145天。80年代初期，在西部大开发计划刚刚提出和小浪底水利枢纽工程前期论证的背景下，黄河水利委员会开展黄河可供水量分配方案研究，最终提出了南水北调工程生效前黄河可供水量分配方案，即"八七"分水方案。

"八七"分水方案

根据"八七"分水方案，在2000年水平年扣除冲沙水量210亿 m^3，黄河正常年份可供水量370亿 m^3，其中：上游分配127亿 m^3，中游分配121亿 m^3，下游分配122亿 m^3。

表6-1　1987年黄河水量分配方案　　　　　　　　单位：亿 m^3

省（自治区）	青海	四川	甘肃	宁夏	内蒙古	陕西	山西	河南	山东	津冀	合计
年分水量	14.1	0.4	30.4	40.0	58.6	38	43.1	55.4	70.0	20.0	370.0

1987—1998年间，由于没有建立起全流域水资源统一管理的机制与体制，流域管理机构缺乏监督和控制手段，一遇到枯水年份或用水高峰季节，沿黄引水工程都大量引水，造成分水失控。加上利津断面天然径流量的大幅减少，这一时期黄河下游断流频发，累计断流61次，累计断流天数达905天，平均断流长度377km，与1972—1986年相比明显加剧（图6-6和图6-7）。

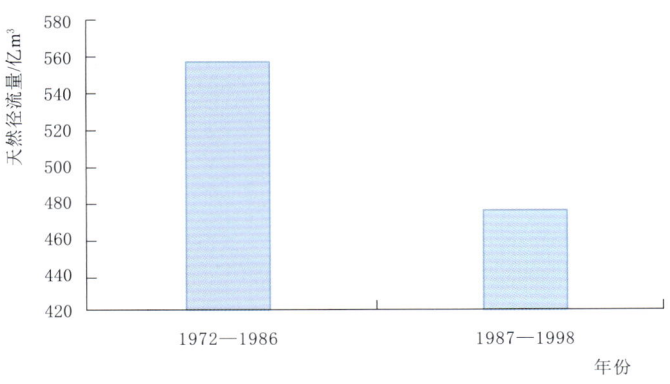

图 6-6 利津断面天然径流量变化

图 6-7 1997 年断流后的黄河下游泺口断面

（二）流域统一调度

1997 年黄河断流 700km、226 天的重大事件发生后,"八七"分水方案的重要意义凸显,成为黄河水量统一调度的法律基础。1998 年 12 月,原国家计委、水利部联合颁布实施了《黄河可供水量年度分配及干流水量调度方案》和《黄河水量调度管理办法》，授权黄河水利委员会统一管理和调度黄河水资源。此后，黄河流域用水过快增长得到抑制，流域水资源利用效率大幅度提升，实现了黄河干流 20 余年不断流的目标。这不仅有效保障了流域及供水区生活、生产和生态环境用水安全，还促进流域强化节水和产业结构优化升级（图 6-8）。

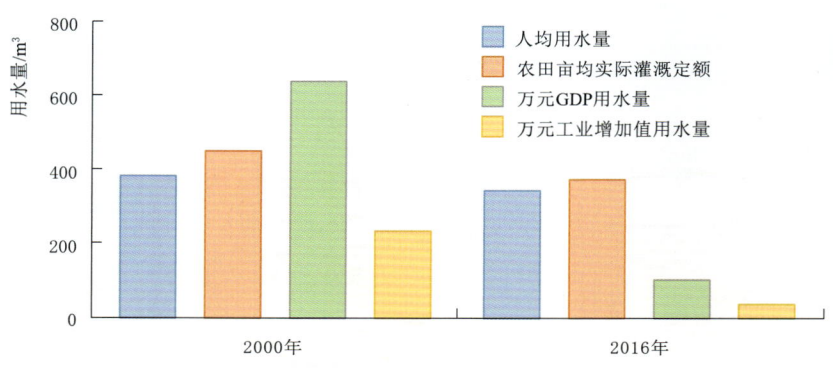

图 6-8　2000 年和 2016 年黄河流域主要节水指标对比

2008 年，黄河水利委员会将省区分水指标细分到地级行政区和干支流。更加精细化的水量统一调度使黄河流域有了充足的可供水资源量开展流域生态调度。到 2021 年，黄河流域生态调度年分配水量达 37 亿 m³，实现了向甘肃、宁夏、内蒙古、山西（永定河）、河北（白洋淀）、山东（河口三角洲）等省（自治区）部分沿黄湖泊、湿地的常态化生态补水，极大地促进了流域内外生态环境改善。

三、水质污染难根治

随着黄河流域经济社会的不断发展，加之废污水收集处理能力不足，大量工业废水、生活污水、农田面源污染通过各种途径进入黄河，对干支流水质造成了严重的影响。黄河流域整体污染负荷偏高，尤其是中游支流污染问题突出，给流域生态保护带来了挑战。

沿线工业和城市污染使黄河干流水质遭受了严重的挑战。黄河流域工矿企业以煤炭、石油和有色金属加工等重工业为主，流域内一些大中城市傍河而立。它们多以河水为水源，又将废污水排入河道，导致流域废污水排放量不断攀升，到 2004 年已达 39.5 亿 t，是 20 世纪 70 年代初的两倍还多（图 6-9）。

图6-9 2021年黄河流域主要城市人口、能源化工基地、引黄灌区分布

中游支流汾河、渭河水质恶化日趋严重。汾河流域承载了山西省超过6成的经济总量和人口，也承载了全省40%以上的纳污量。以煤炭行业的工业废污水为主的污染源曾一度导致汾河水体出现主要污染物超标百倍的严重污染，直到2019年水质才恢复到Ⅴ类水平。与汾河流域相比，渭河流域更是集中了陕西90%的工业产值和50%的农业产值，工业和生活污染直排加上河道生态水量不足。20世纪末，渭河大部分国控断面水质为劣Ⅴ类，主要污染物超标数十倍，直到2015年才恢复至Ⅳ类水平（图6-10）。

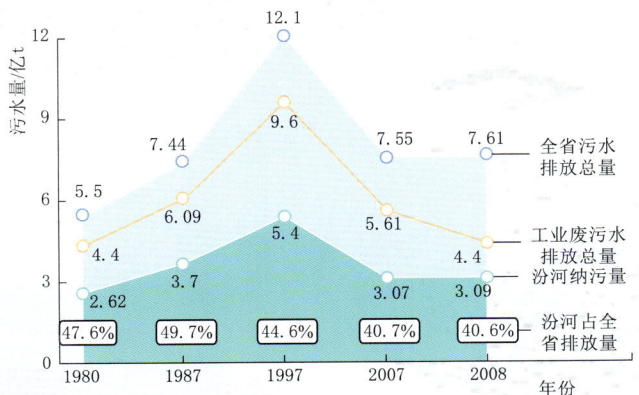

图6-10 1980—2008年汾河流域产污纳污变化

黄河流域干流水质持续变好,但部分支流水污染形势依然严峻。进入21世纪以来,黄河流域水环境质量稳步提升。2020年,137个国控断面中已无劣Ⅴ类断面,干流水质为优,流域整体水质由轻度污染改善为良好,但宁夏、内蒙古、山西三省(自治区)一些支流上的省控断面Ⅰ~Ⅲ水质断面比例仅为65%~72.2%,低于黄河流域整体84.7%的水平,且仍存在一定比例的劣Ⅴ类断面(图6-11和图6-12)。

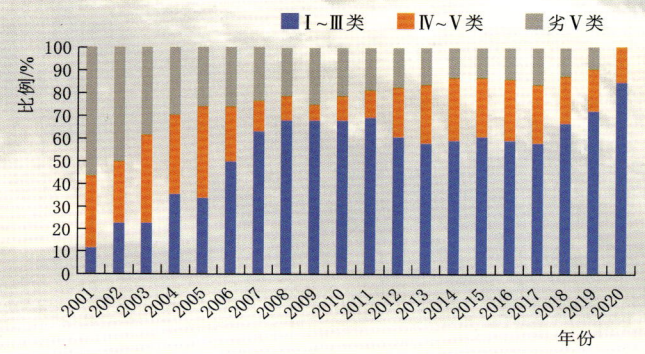

图6-11 2001—2020年黄河流域各类水质断面比例变化

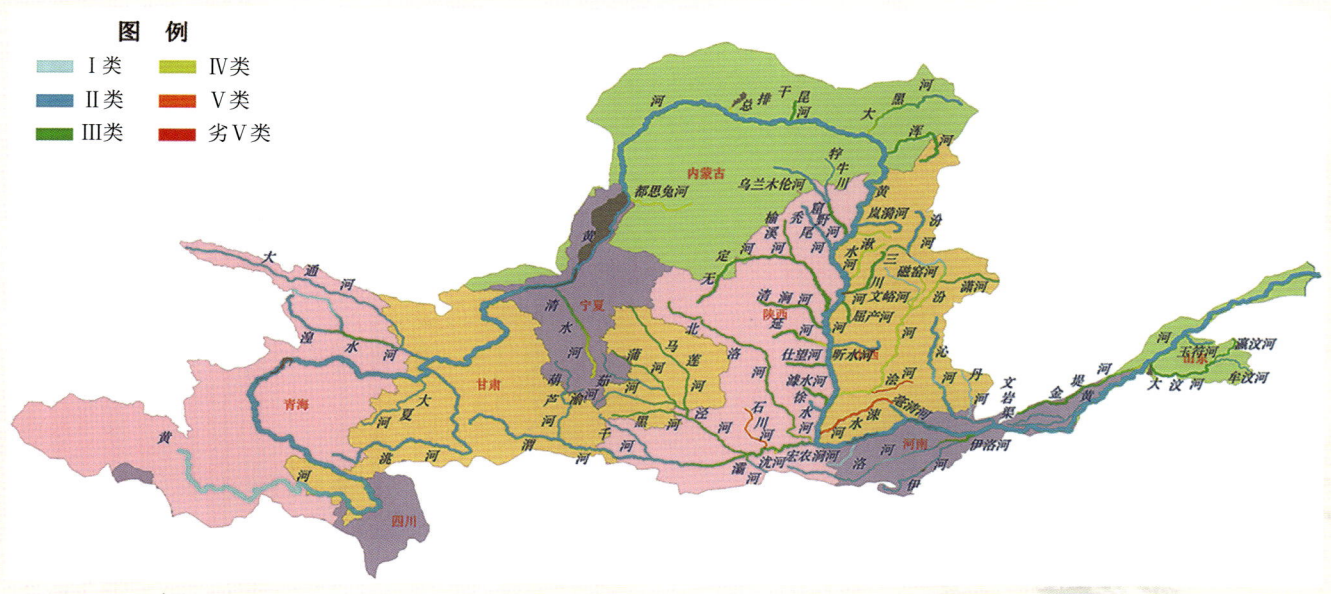

图6-12 2020年黄河流域水质分布示意图

第二节　系统治理复生境

"表象在黄河，根子在流域。"党的十八大以来，黄河流域水环境治理进入了新阶段，从治标不治本、头痛医头脚痛医脚，到统筹上下游、左右岸的系统治理。相关部门持续实施流域入河污染防控、探索开展流域生态调度、加强鱼类栖息地保护等工作，黄河河流生态环境状况得到了明显改善，水质整体向好，湿地面积增加，生物多样性显著提升。

一、流域污染综合治理

我国重点流域水污染治理以"九五"治淮为先导，"十一五"期间开始覆盖黄河中上游，"十二五"期间基本覆盖了我国绝大多数的河湖水系。在此期间，国家加大科研投入，设置水体污染控制与治理科技重大专项，支撑流域水污染治理攻坚战等国家重大战略计划的实施。在此背景下，黄河流域水污染治理工作有序实施，在点源污染防控方面取得了突出进展，农业面源污染防治成为未来一段时期的流域污染治理工作重点（图6-13）。

黄河流域持续加强城镇污水处理厂及配套管网建设，在城市点源污染防治方面取得了显著成就。"十二五"末，沿黄9省（自治区）城市污水处理率平均达到88.27%，与"十五"末相比，提升近一倍。"十三五"期间，依托水污染防治攻坚战，沿黄各省（自治区）加大投入对城市建成区老旧城镇污水处理厂进行提标改造，新建污水收集管网提升污水收集处理率，并在工业集聚区规划建设配套工业污水处理厂和中水回用设施，极大地加强了城市点源污染的源头管控。截至2017年，青海省城市污水处理率达到79.26%，其余省（自治区）达到92%以上，最高达到接近97%，总体达到先进水平（图6-14）。

随着黄河流域农业面源污染治理力度不断加大，流域农业面源污染物总量得到大幅度削减，但仍保持较高负荷。"十一五"时期，农业面源污染治理以提高重点湖库污染治理水平为目标，主要针对饮用水水源地、重点湖库周边的农业种植、畜禽养殖和生活污染的治理。"十二五"期间，以推动规模化畜禽养殖污染防治为重点，同时加强农村生活污水处理，提高农村种植、养殖业及重点湖库水产养殖的污染防治水平。"十三五"期间，农业部推动化肥农药"双零"行动，黄河流域农药、化肥使用量得到有效控制（表6-2），农业面源污染治理取得显著进展。与2006年相比，2017年黄河流域农业面源导致的化学需氧量、氨氮、总氮、总磷总污染量分别减少19.2%、48.3%、70%和53.7%，极大地降低了流域农业污染负荷。

图 6-13 我国重点流域污染治理发展历程

表 6-2 "十三五"期间沿黄各省（自治区）农药、化肥使用量下降情况

省（自治区）	农药使用量	化肥使用量
青海	2020 年较 2018 年减少 30%	2020 年较 2018 年减少 40%
甘肃	—	2019 年较 2015 年减少 16%
四川	—	—
宁夏	2020 年较 2015 年减少 13.8%	—
内蒙古	自 2018 年实现持续负增长	自 2018 年实现持续负增长
陕西	2020 年较 2015 年减少 10%	2020 年较 2015 年减少 10%
山西	自 2015 年实现持续负增长	自 2015 年实现持续负增长
河南	2020 年较 2015 年减少 15.2%	
山东	2020 年较 2015 年减少 23.1%	2020 年较 2015 年减少 15.5%

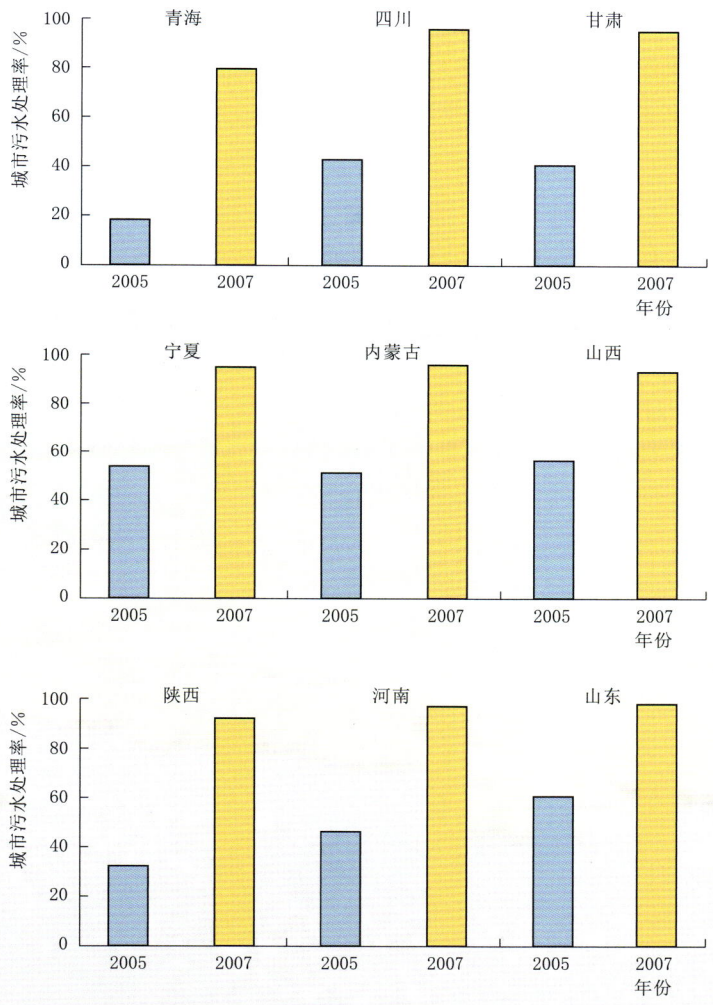

图 6-14　2005 年和 2007 年黄河流域各省（自治区）城市污水处理率变化

"十四五"期间，黄河流域持续加大城市点源污染和农业面源污染治理力度。城市点源污染以城市建成区基本消除生活污水直排口和收集处理设施空白区为目标。农业面源污染防治将在种植业方面继续推进测土配方施肥、有机肥替代化肥、精准施药、绿色防控等重点任务，在养殖业方面重点推动畜禽粪污资源化利用，严防畜禽养殖污染。

二、下游水沙生态调度

实施黄河下游生态调度（图6-15），是保障黄河下游农业灌溉，满足下游河段和河口地区植被、鱼类生长关键期的用水需求，维持河口湿地生态系统良性循环和黄河健康生命的重要措施。黄河下游生态调度使得下游重要断面的生态流量得到全面满足，河流生态环境有所恢复，生物多样性指数明显提高。

自2008年以来，黄河水利委员会持续开展黄河下游生态调度工作。通过加强前期水量调度和用水管理，统筹考虑多库联调、水源筹集、过洪能力分析预测、水流演进计算、电调与水调相互矛盾等诸多困难因素，科学制定生态调度方案。同时，结合黄河下游生态调度，持续向黄河三角洲湿地进行补水（图6-16），以增加湿地水面面积，提高地下水水

图6-15 下游生态调度期间黄河小浪底水库泄洪

位，修复黄河下游代表物种栖息地和鱼类洄游通道。

　　下游水沙生态调度有效促进了黄河下游河道、河口三角洲及附近海域生态系统的自然修复。黄河口生态系统由 2006 年前的不健康状态恢复至亚健康状态，近海水域浮游生物数量密度显著增大，仔稚鱼显著增加，20 世纪 80 年代消失的黄河铜鱼又重新成群显现。2020 年 7 月，在鱼类生物多样性调查中，在黄河口现行流路口门处发现一条成年黄河鲫鱼活体，这是 21 世纪以来在黄河口河道首次发现黄河鲫鱼活体，标志着黄河口海域生态环境的进一步改善，也有力说明了黄河下游生态调度的显著成效（图 6-17）。

图 6-16　黄河三角洲刁口河流路生态补水

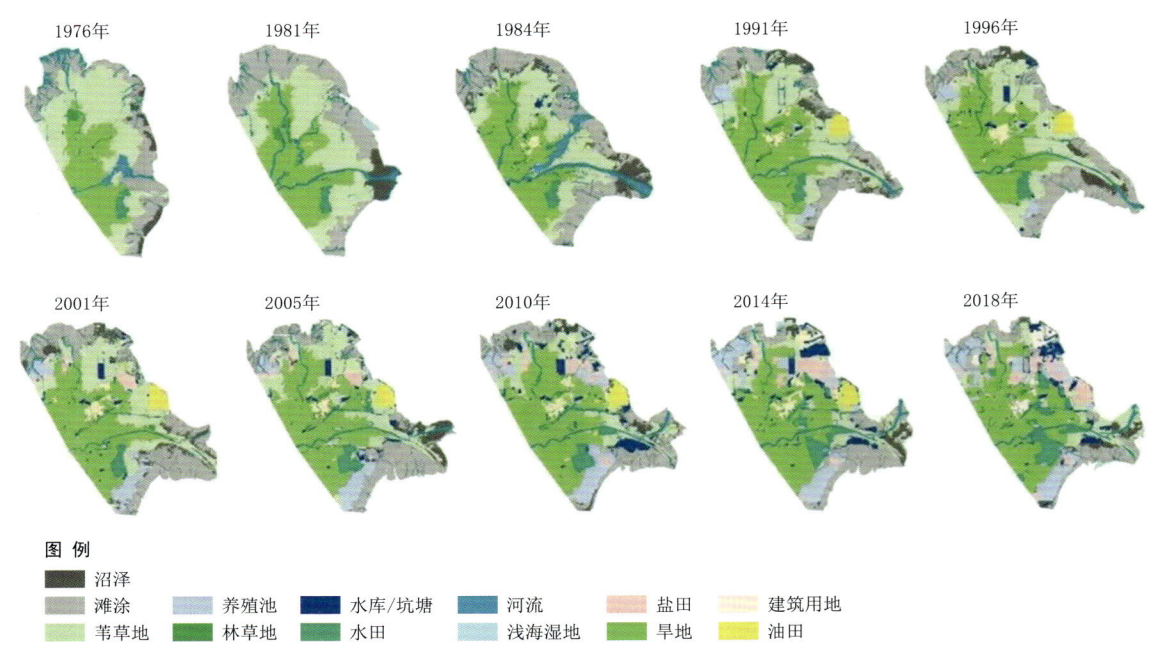

图 6-17　2001—2018 年黄河三角洲土地利用类型变化

三、鱼类生境系统保护

近年来，黄河流域通过设立水产种质资源保护区、设置禁渔期、保障关键断面生态流量等措施加强对鱼类栖息地的保护，持续开展增殖放流活动，促进了鱼类数量和生物多样性的恢复。

2007 年以来，11 批国家级水产种质资源保护区名单陆续公布，其中涉及黄河干流的有 19 个，主要集中分布在上游段，保护物种主要有兰州鲇、黄河鲤、乌鳢以及黄河上游特有鱼类等。2018 年起，黄河启动实施禁渔期制度，每年的 4 月 1 日至 6 月 30 日是黄河的禁渔期。水利部不断增加有生态流量管控要求的断面数量，黄河干流及重要支流主要控制断面生态流量保障工作越来越深入，有力地促进了鱼类栖息环境的良性维持。

人工增殖放流是维护黄河鱼类资源平衡、恢复流域物种多样性的重要手段。早期黄河流域增殖放流以四大家鱼为主，主要集中在大中型水库。近年来，黄河上游土著鱼类增殖放流范围和规模不断扩大。2009 年以来，青海、甘肃两省持续开展以黄河裸裂尻鱼、花

黄河大鲤鱼

说起黄河鱼，最有代表性的当属黄河大鲤鱼了。黄河鲤鱼鳞片金黄闪光，各鳍尖部鲜红，尤以色泽鲜丽、肉质细嫩、气味清香而著称。它同淞江鲈鱼、兴凯湖鱼、松花江鲑鱼一起，被誉为我国"四大名鱼"。

黄河鲤鱼历史悠久，《诗经》有云："岂其食鱼，必河之鲤"。早在春秋战国时期，黄河鲤鱼就被当作贵重的馈赠礼品。"鲤鱼跳龙门"的传说家喻户晓。民间流传有"黄河三尺鲤，本在孟津居，点额不成龙，归来伴凡鱼"等美好诗句。鲤鱼也作为"年年有鱼"的年画经典形象保留下来，成为"吉祥、富贵"的象征。

黄河鲤鱼曾是黄河流域主要的渔业资源。20世纪50年代初，黄河河南段每年捕捞黄河鲤鱼可达15万kg，占到经济鱼类重量的一半左右。受过度捕捞、水利工程建设、河流水污染的影响，到2007年，全河黄河鲤鱼的天然捕捞量不足1000kg，难再形成规模化捕捞渔业。

黄河鲤鱼资源的衰减是黄河流域鱼类资源衰退的一个缩影。与黄河鲤鱼相比，黄河上游特有鱼类面临着更加严重的威胁。如兰州鲇、乌鳢、花斑裸鲤、极边扁咽齿鱼、厚唇裸重唇鱼、黄河裸裂尻鱼、北方铜鱼等代表性鱼种，多分布于黄河上游河段，受梯级水电开发影响，洄游通道受阻、上游饵料减少、适宜栖息地面积缩减，加之外来鱼种入侵，生物多样性保护任重道远（图6-18）。

图6-18 黄河流域代表性保护鱼种图鉴

斑裸鲤、极边扁咽齿鱼、厚唇裸重唇鱼等为主的增殖放流活动（图6-19），在维护黄河上游土著鱼类种群结构平衡，恢复鱼类物种多样性方面发挥了重要作用。

图6-19 河南黄河增殖放流活动现场

第三节 绿水青山不是梦

自从"两山论"诞生以来，习近平总书记在国内外不同场合不止一次提到"绿水青山就是金山银山"理念，黄河流域漫长的生态演变也印证了这条"中国智慧"。无数治黄先驱用实践证明，过去的一些治理措施确实卓有成效，在新的时期，黄河流域生态治理又将面临新的考验，需要新一代治黄人接过接力棒，传承历史经验，关注未来发展，从流域治理的整体性、系统性出发，寻求黄河流域高质量发展的现实路径，实现绿水青山的终极梦想。

一、"一带五区"优化布局

基于生态治理的系统性和完整性,《黄河流域生态保护和高质量发展规划纲要》提出了黄河流域"一带五区多点"的空间战略布局(图6-20)。以黄河干流和主要河湖为骨架,连通青藏高原、黄土高原、北方防沙带和黄河口海岸带的沿黄河生态带,构建一条贯穿全流域的健康生态廊道;以三江源、秦岭、祁连山、六盘山、若尔盖等重点生态功能区为主的水源涵养区,以内蒙古高原南缘、宁夏中部等为主的荒漠化防治区,以青海东部、陇中陇东、陕北、晋西北、宁夏南部黄土高原为主的水土保持区,以渭河、汾河、涑水河、乌梁素海为主的重点河湖水污染防治区,以黄河三角洲湿地为主的河口生态保护区,充分考虑黄河流域的空间差异,因地制宜,分区定位,实现生态功能全面协同提升;重点关注散落在黄河流域各处宝贵的动植物资源,包括藏羚羊、雪豹、野牦牛、土著鱼类、鸟类等重要野生动物栖息地和珍稀植物分布区。

一条生态带犹如一根链条,将整个黄河流域的干支流、河湖湿地以及陆地生态系统紧密串联成一个有机整体,擘画出黄河流域高质量发展的蓝图,为未来黄河流域生态治理指明了前进的方向。

二、七字统筹系统治理

人的命脉在田,田的命脉在水,水的命脉在山,山的命脉在土,土的命脉在树。2013年,习近平总书记在视察了内蒙古之后,根据黄河流域生态系统的特殊性,量身定制了"山水林田湖草沙"生命共同体的七字系统治理理念,解开了黄河流域生态保护系统治理的百年困局。统筹"山水林田湖草沙"一盘棋,合理利用水土资源,优化林田湖草结构,提高水源涵养能力,推进沙化土地治理,保护源区冰雪资源,形成以流域为单元的系统性防治体系,是黄河流域积极探索的生态治理新模式。

山水林田湖草沙是一个生命共同体,治黄必先治沙。多年来,内蒙古推动黄河流域生态保护和高质量发展,将沙漠融入山水林田湖草系统进行一体化保护和修复,成为践行生命共同体理念的排头兵。

以巴彦淖尔市为例,政府全方位贯彻"四水四定"原则,在乌梁素海流域上游高标准

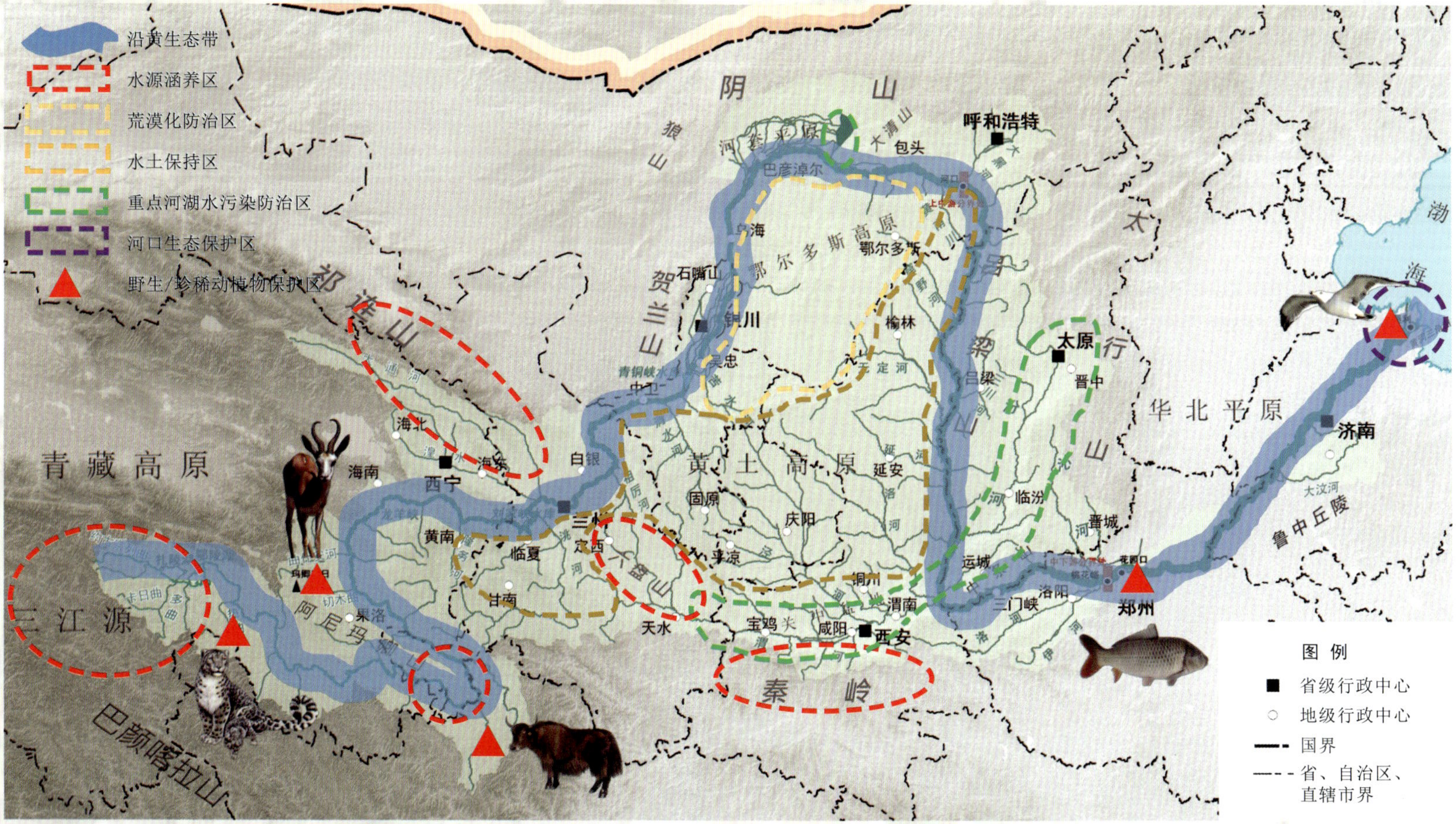

图6-20 "一带五区多点"优化布局示意图

推进乌兰布和沙漠治理,在城市建成区和工业园区加快城镇污水收集和处理设施建设,在湖区及周边实施内源治理,开展乌拉山受损山体修复和乌拉特草原生态恢复。2021年,乌梁素海水生态环境大为改善,乌兰布和沙漠、乌拉特草原、乌拉山等治理成效开始显现,从一个湖到整个生态系统,乌梁素海成为内蒙古山水林田湖草沙系统治理的一个缩影(图6-21)。

此外,内蒙古"一湖两海"中的呼伦湖、岱海共实施系统综合治理项目20余项,水面面积均保持稳定,主要水质指标均达到或优于地表水Ⅴ类水质标准。在锡林郭勒草原,坚持把保护草原生态作为首要任务,着力推行草畜平衡和禁牧、休牧、轮牧等制度,通过草畜平衡、划区轮牧,发展智慧牧场、改良育种,实现草长牛羊壮。同时严格禁止在草原上乱采滥挖、新开露天矿山,同步开展历史遗留废弃采坑治理等工作。

近年来,由于内蒙古深入推进生态保护修复重大工程,深入开展破坏草原林地问题等专项整治,草原植被盖度和森林覆盖率实现"双提高",荒漠化和沙化土地面积实现"双减少",从一个生态系统

图6-21　乌梁素海山水林田湖草沙系统治理成效

辐射整个区域,内蒙古成为黄河流域统筹山水林田湖草沙系统治理的成功典范,更为流域其他地区的系统治理提供了样板(图6-22)。

三、科技支撑智慧生态

水沙治理是黄河流域需要解决的主要生态问题,黄河生态系统保护与修复也是一个可持续的过程,山水林田湖草沙冰是一个生命共同体,推动黄河高质量发展,既要"以水而定、量水而行,因地制宜统筹谋划",还需要更加先进和高效的科技手段,实现生态的更好更快发展。

随着智慧科技的发展,物联网、大数据、云计算、人工智能、无人机等"互联网+"技术正成为生态环境修复防治的重要手段。近年来,不少地方生态环境部门应用新的数字技术,探索环境治理模式。随着中国生态环境治理"最强大脑"的形成,生态环境治理凭借数字技术,使生态修复从粗放式走向精细化,治理"药方"越来越多样,效果越来越明显。生态大数据依托多年积累的海量"水、土、气、植、动、微"监测数据与智能化技术,借助高分卫星"天眼"、物联网"地演"、人工智能"算法",利用大数据、遥感、无人机等技术,精准指导黄河流域保护、修复、利用和发展,为生态保护和产业发展提供科学依据。

图6-22 2019年呼伦贝尔国际绿色生态与环保产业展览上的"生命共同体"展园

为实现黄河流域山水林田湖草沙生态空间一体化保护和环境污染协同治理，黄河流域内蒙古段率先形成了示范效应。通过布设物联网设备，对黄河流域的输沙量、水质、水量等数据情况进行实时监测。按照流域特征，依据生态大数据统筹山（地形、地貌等数据）、水（断面水质、流量、径流量、黄河沿岸用水量等数据）、林（郁闭度等数据）、田（"水肥药膜"等数据）、湖（沿岸湖泊分布、储水量等数据）、草（植被盖度、产量等数据）、沙（沙漠沙地分布、扩散等数据）、矿（矿厂分布、排污等数据）、气象、土壤（类型、侵蚀等）、生物资源等生态本底数据，建立起一整套生态指标体系，形成黄河流域内蒙古段的"全域数字生态一张图"，通过数据解码黄河流域的生态内容（图6-23）。

大数据搭建的"智慧生态大数据平台"，可以监控生态结构的空间格局，并分析判断变化趋势，有针对性地指导生态修复，打通科技信息服务的"最后一公里"，推动"智慧生态修复"发展，促进创新产业大融合。进一步运用数据精准管理生态资源，择机建立示范样板区，对黄河流域进行全面化生态治理，全方位提升区域生态保护力度、速度、精准度，全链条服务绿色生态产业与绿色经济发展，为"绿水青山"注入绿色持久动力。

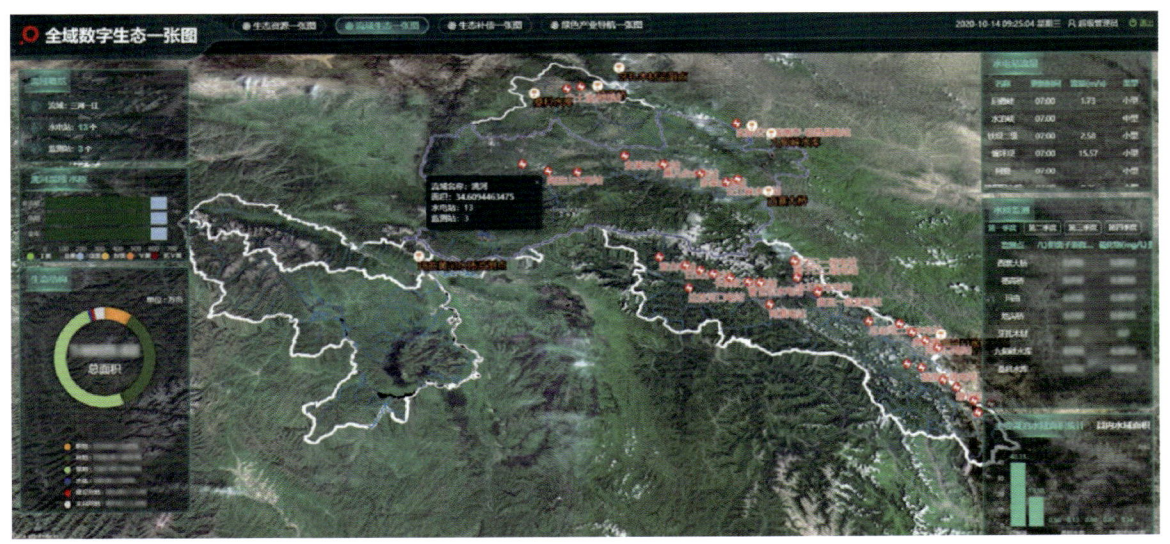

图6-23 内蒙古建立的"全域数字生态一张图"

四、"双碳"引领绿色发展

2020年,中国基于推动实现可持续发展的内在要求和构建人类命运共同体的责任担当,宣布了碳达峰和碳中和的目标愿景:2030年前实现碳达峰,2060年前实现碳中和。黄河流域也成为我国实现"双碳"目标的重要阵地,"双碳"战略将是未来引领黄河流域绿色发展的新引擎。

黄河流域实现"双碳"目标,既具有优越条件,又存在着突出矛盾。

(1)黄河流域自然资源充足。黄河流域横跨我国地势三大台阶,拥有黄河天然生态廊道和三江源、祁连山、若尔盖等多个重要生态功能区域,生态类型多样,经过持续不断的治理,整体生态环境明显向好,优质生态产品供给能力不断增强。黄河流域还拥有丰富的风光资源,非碳能源潜力充足。

(2)黄河流域生态十分脆弱。既存在着水土流失、湿地萎缩、水功能涵养降低等自然生态系统退化等问题,也存在着工业、城镇生活、农业面源、尾矿库污染等人类行为的侵害问题。环境修复压力巨大,因此实现"双碳"目标的任务也十分繁重。

在黄河流域9省(自治区)中,青海省拥有独特的高原自然地理气候,储存着丰富的水、光、风等绿色能源资源,作为我国的生态屏障区,拥有各类自然保护地217处,湿地总面积814.36万hm^2,居全国首位,还有丰富的草原和森林资源,具有巨大的固碳增汇潜力。可供开发利用的水电资源达2314万kW、太阳能资源10亿kW、风能资源7500万kW,这些绿色能源能够大大减少区域碳排放。通过新能源开发重组,青海率先实现三江源"绿电百日",通过打造碳中和先行示范区,在实现减排、控源、固碳、增汇的实践探索中走在了全国前列(图6-24)。

对黄河流域而言,提升生态系统的碳汇能力要靠"生态保护",

实现碳减排则依赖"高质量发展"。黄河流域各省（自治区）的资源禀赋存在空间差异性，因此，必须坚持系统思维，将碳达峰、碳中和目标全面纳入黄河流域生态保护和高质量发展重大战略中，坚持差别化发展理念，在水资源和碳排放双重约束下，"减排"和"增汇"并行、减污和降碳并举、保护和修复并重，因地制宜，协同推进，打造黄河流域碳达峰先行区、碳中和示范区，助力黄河流域高质量发展。

图 6-24　鲁能海西州多能互补集成优化国家示范工程

参考文献

[1] 马清平. 生态百问 [M]. 北京: 人民日报出版社, 2021.

[2] 黄河密码编写组. 黄河密码 [M]. 北京: 人民日报出版社, 2021.

[3] 张真宇, 蔺生睿. 天下黄河 [M]. 郑州: 河南文艺出版社, 2021.

[4] 王玉磊. 黄河史话 [M]. 北京: 中国大百科全书出版社, 2008.

[5] 陈梧桐, 陈名杰. 万里入胸怀: 黄河史传 [M]. 上海: 华东师范大学出版社, 2019.

[6] 王根绪, 沈永平, 程国栋. 黄河源区生态环境变化与成因分析 [J]. 冰川冻土, 2000(3):200−205.

[7] 郑子彦, 吕美霞, 马柱国. 黄河源区气候水文和植被覆盖变化及面临问题的对策建议 [J]. 中国科学院院刊, 2020, 35(1):61−72.

[8] 刘东生, 安芷生, 袁宝印. 中国的黄土与风尘堆积 [J]. 第四纪研究, 1985(1):113−125.

[9] 刘东生, 张宗祜. 中国的黄土 [J]. 地质学报, 1962(1):1−14, 106−109.

[10] 雷祥义. 中国黄土的孔隙类型与湿陷性 [J]. 中国科学 (B 辑 化学 生物学 农学 医学 地学), 1987(12):1309−1318.

[11] 张宗祜. 我国黄土高原区域地质地貌特征及现代侵蚀作用 [J]. 地质学报, 1981(4):308−320, 326.

[12] 黄河水利委员会. 人民治理黄河六十年 [M]. 郑州: 黄河水利出版社, 2006.

[13] 刘晓燕, 高云飞. 黄土高原淤地坝减沙作用 [M]. 郑州: 黄河水利出版社, 2020.

[14] 李国英. 黄河答问录 [M]. 郑州: 黄河水利出版社, 2009.

[15] 黄河水利委员会. 黄河水土保持志 [M]. 郑州: 河南人民出版社, 1993.

[16] 李国英. 治理黄河 思辨与践行 [M]. 北京: 中国水利水电出版社, 2003.

[17] 高健翎, 高云飞, 岳本江, 等. 人民治理黄河 70 年水土保持效益分析 [J]. 人民黄河, 2016, 38(12):20−23.

[18] 李文学. 黄河治理开发与保护 70 年效益分析 [J]. 人民黄河, 2016, 38(10):1−6.

[19] 李锐. 黄土高原水土保持工作 70 年回顾与启示 [J]. 水土保持通报, 2019, 39(6):298−301.

[20] 徐建华, 吴成基, 林银平, 等. 黄河中游粗泥沙集中来源区界定研究 [J]. 水土保持学

报，2006:6-9，14.

[21] 董雯，赵景波. 毛乌素沙地的形成与治理[J]. 贵州师范大学学报(自然科学版)，2006(4):42-46.

[22] 廖超英，李广毅，高国雄，等. 毛乌素沙地防风固沙林结构与效益研究[J]. 水土保持研究，1995(2):90-98.

[23] 胡宏飞. 引水拉沙造田及土壤改良利用技术[J]. 中国水土保持，2003(9):35-36.

[24] 陈怡平，傅伯杰. 黄河流域不同区段生态保护与治理的关键问题[N]. 中国科学报，2021-03-02(7).

[25] 杨文治. 黄土高原土壤水资源与植树造林[J]. 自然资源学报，2001(5):433-438.

[26] 胡春宏，张晓明. 黄土高原水土流失治理与黄河水沙变化[J]. 水利水电技术，2020，51(1):1-11.

[27] 刘晓燕，高云飞，马三保，等. 黄土高原淤地坝的减沙作用及其时效性[J]. 水利学报，2018，49(2):145-155.

[28] 李相儒，金钊，张信宝，等. 黄土高原近60年生态治理分析及未来发展建议[J]. 地球环境学报，2015，6(4):248-254.

[29] 冉大川，罗全华，刘斌，等. 黄河中游地区淤地坝减洪减沙及减蚀作用研究[J]. 水利学报，2004(5):7-13.

[30] 吴晓红. 改革开放以来宁夏水利开发史研究述略[J]. 宁夏师范学院学报，2019，40(12):63-69.

[31] 郑贺新. 黄河沙坡头水库泥沙冲淤分析[J]. 水利水电工程设计，1998(2):29-30，35，57.

[32] 席燕林，王小青. 黄河沙坡头水利枢纽运行方式与水库淤积分析[J]. 水利规划与设计，2006(2):31-33，40.

[33] 何平，王玲. 沙坡头水库减淤措施分析[J]. 人民黄河，2007，29(12):39-39.

[34] 丁义斌，姚志霞，谢建勇，等. 沙坡头水库淤积现状分析与评价[J]. 水利科技与经济，2009，15(10):915-916.

[35] 朱婉依，李昆鹏，李丽珂，等. 黄河宁夏段水沙演变规律及冲淤空间分布特征研究[J]. 人民黄河，2022，44(8):28-33.

[36] 李天全. 青铜峡水库泥沙淤积[J]. 大坝与安全，1998(4):21-27.

[37] 陈光文. 青铜峡水库泥沙淤积及排沙方案设计[J]. 机电信息，2019(35):142-143.

[38] 邹万银. 河套——民族的交融[J]. 前沿，2006(4):252-253.

[39] 方汝林. 内蒙古河套灌区开垦中的生态环境演变[J]. 自然资源，1985(1):39-46.

[40] 吴晓红. 改革开放以来宁夏水利开发史研究述略[J]. 宁夏师范学院学报，2019，40(12):63-69.

[41] 郭玉华，叶俊峰. 内蒙古河套灌区面源污染防治初步设想[J]. 内蒙古环境保护，2004(1):16-17.

[42] 郭姝姝，阮本清，管孝艳，等. 内蒙古河套灌区近30年盐碱化时空演变及驱动因素分析[J]. 中国农村水利水电，2016(9):159-162，167.

[43] 母吉君，陈全才，李介钧，等. 内蒙古河套灌区面源污染的途径与防控措施[J]. 农业灾害研究，2012，2(2):30-32.

[44] 贾立国，郝云凤，冯君伟，等. 河套灌区春小麦化肥减施增效技术及其生理基础研究[J]. 土壤通报，2020，51(6):1416-1421.

[45] 安永清，屈永华，高鸿永，等. 内蒙古河套灌区土壤盐碱化遥感监测方法研究[J]. 遥感技术与应用，2008(3):316-322，243.

[46] 赖黎明，美丽，杨旸. 内蒙古河套灌区农业土壤特征与发展分析[J]. 江苏农业科学，2022，50(2):213-218.

[47] 侯玉明，王刚，王二英，等. 河套灌区盐碱土成因、类型及有效的治理改良措施[J]. 现代农业，2011(1):92-93.

[48] 田伟东，贾克力，史小红，等. 2005—2014年乌梁素海湖泊水质变化特征[J]. 湖泊科学，2016，28(6):1226-1234.

[49] 杨红子. 乌海市雾对空气质量的影响[J]. 农业灾害研究，2022，12(2):110-112.

[50] 胡一三，张红武. 黄河下游游荡性河段河道整治[M]. 郑州：黄河水利出版社，1998.

[51] 曹永涛，刘燕，江恩惠，等. 黄河下游滩区分区运用分洪沉沙效果实体模型试验研究[C]. 全国海事技术研讨会，2010.

[52] 张金良，刘生云，暴入超，等. 黄河下游滩区生态治理模式与效果评价[J]. 人民黄河，2018，40(11):1-4，33.

[53] 谢羽倩,程舒鹏,张燕青,等.黄河下游滩地土地利用/覆盖现状及影响因素分析[J].北京大学学报(自然科学版),2019,55(3):12.

[54] 刘建伟.黄河滩区生产堤的危害及对策[J].中国科技信息,2015(22):26.

[55] 李民.黄河文化百科全书[M].成都:四川辞书出版社,2000.

[56] 夏亦鸣,张韦中.黄河北金堤滞洪区[M].郑州:河南人民出版社,1994.

[57] 楚延峰,季瑞华.加强北金堤滞洪区的安全建设与管理刍议[J].治黄科技信息,2003(1):13-16.

[58] 李建军.强化土地利用监管 助力生态保护和高质量发展——以黄河北金堤滞洪区为例[J].资源导刊,2021(19):20-21.

[59] 李相朝,王忠义,王丹蓉,等.浅析北金堤滞洪区的运用对区内经济社会发展的影响[J].河南水利与南水北调,2008(2):56-57.

[60] 顾世成,彭淑贞,程鹏,等.山东东平湖库区旅游业发展的SWOT分析[J].景观研究:英文版,2009(7):72-76.

[61] 于磊.中国大运河地名文化走进联合国 大运河美景:东平湖风光[J].中国民政,2021(2):4.

[62] 彭应仁.黄河下游东平湖分洪工程的防洪措施和运用效果[J].水利水电技术,1985(4):13-18.

[63] 刘艳艳.南水北调东平湖水质富营养化变化趋势分析及改善对策[J].环境与发展,2017,29(4):174-175.

[64] 张金路,段登选,王志忠.东平湖菹草大面积衰亡的危害及防治对策[J].环境研究与监测,2009(2):31-33,47.

[65] 郗金标,宋玉民,邢尚军,等.黄河三角洲生态系统特征与演替规律[J].东北林业大学学报,2002,30(6):111-114.

[66] 金显仕,邓景耀.莱州湾渔业资源群落结构和生物多样性的变化[J].生物多样性,2000,8(1):65-72.

[67] 娄广艳,葛雷,黄玉芳,等.黄河下游生态调度效果评估研究[J].人民黄河,2021,43(7):100-103.

[68] 蒋晓辉,何宏谋,曲少军.黄河干流水库对河道生态系统的影响及生态调度[M].郑

州：黄河水利出版社，2012.

［69］ 王雨竹，潘保柱，巩政，等.黄河流域鱼类食性同资源种团的时空变化[J].应用生态学报，2022，33(3):821-828.

［70］ 王煜，彭少明，武见，等.黄河"八七"分水方案实施30年回顾与展望[J].人民黄河，2019，41(9):6-13，19.

［71］ 姚瑞华，赵越，徐敏，等.重点流域水污染防治的发展历程与展望[C]// 全国环境规划院(所)长联席会暨中国环境科学学会环境规划专业委员会2013年学术年会论文集，2013:98-101.

［72］ 王晓燕，张长春，魏加华.黄河水量统一调度实施前后河口三角洲生态环境变化研究[J].生态环境，2006，15(5):1046-1051.